産経NF文庫
ノンフィクション

誰も語らなかった ニッポンの防衛産業

桜林美佐

潮書房光人新社

文庫版のまえがき

この本を出版した翌春、二〇一一年三月のこと、74式戦車がテレビ画面に映し出され、私は画面に釘付けになりました。

福島第一原発事故の対処のために二両の74式戦車が陸上自衛隊の駒門駐屯地を出発したというのです。夜に朝霞駐屯地を経由し、翌朝に福島に到着したことが報じられ「あの戦車が!」と、目を奪われました。

この時、福島第一原発の敷地内には数多くのガレキが散乱していました。自衛隊も放水作業を始めていましたが、地上ではこのガレキが大きな障害になっていたのです。

そこで、白羽の矢が立ったのが74式戦車でした。この戦車には、排土板(ブルドーザーの前面に付いているもの)を装着することができ、ガレキ除去に使える!ということになったのです。

何よりの理由は、その遮断性能の高さでした。報道陣の問いに防衛省側は「遮断レベルは機密事項にあたるので明かせない」としていますが、放射線をかなり遮ることができるのです。

すでに90式、10式戦車に世代交代が進んでいるという中で、最年長の74式戦車が、まさかこのようなミッションに出動することになるとは、戦車乗りの誰が想像していたでしょうか。「おばさん」と言われた74式戦車の、引退間際の大活躍でした。

二両の戦車は、結果的に原発でのガレキ除去作業には至りませんでしたが、いつ投入されてもいいように乗員は防護服姿で戦車に乗り込み、サウナどころではない暑さと視界不良の中で除去訓練を重ねたのです。自衛官の使命感に心から敬意を表したいと思います。

これはまさに「火力」「機動力」「防護力」が揃った装備だからこそなせる業でした。日本が国産戦車を持っていたことを、本当に誇らしく思いました。

それからさらに一〇年の月日が過ぎ、私たちはますます予測不能な、目まぐるしい環境変化を経験しています。

二〇一四年（平成二六年）には武器輸出三原則が見直され、武器の輸出入を基本的に認めた「防衛装備移転三原則」に進化しました。二〇一五年（平成二七年）の一〇月には防衛装備庁が発足しています。

宇宙開発については、今や「宇宙・サイバー・電磁派」といった「新領域」に自衛隊の活動を広げる施策が本格化し、主戦場にもなりつつあります。

一方で、残念な変化もありました。米国からのＦＭＳ（有償援助）での装備品購入が激増したことです。

ＦＭＳが増えたことで、国内企業への発注も減り、研究開発費も当然のことながら増えません。このままでは本当にモノが作れない国になってしまうでしょう。

また、自衛隊の車両や弾薬を作っていたコマツは二〇一九年（平成三一年）に装甲車両の開発から撤退しました。低価格競争が過熱し、とうとう倒れるプライム企業が出てしまったのです。

負の連鎖は食い止めなくてはなりません。今こそ、改めて、本書で紹介した国内防衛産業に目が向けられることを願って止みません。『誰も語らなかった防衛産業』を蘇らせるべく文庫版出版を進めて下さった潮書房光人新社の小野塚康弘様に深く御礼申し上げます。

なお、本書では時制・呼称等のほとんどを（戦車工場に初めて足を踏み入れた「小娘」が一〇年余の齢を重ねたことも含め）原文のままとさせて頂きました。

二〇二一年 春

桜林美佐

はじめに

テレビで誰かが言っていた。

「町工場は日本の宝です！　守らなくてはいけません」

しかし、すぐにこう続いた。

「防衛予算は多すぎる。90式戦車？　あんなものはいらない！」

私は防衛問題を学ばせていただいている「はしくれ」であり、偉そうなことを言える立場ではないが、ここ数年の取材を通して、見たり聞いたりした限りの感覚で言うと、この言葉には誤解があるような気がしてならなかった。

戦車一両製造するのに約一三〇〇社に及ぶ企業が関係している。そして、その多くが、いわゆる「町工場」だ。

戦車だけではない、戦闘機が約一二〇〇社、護衛艦は約二五〇〇社が関連していると言われている。仮に、防衛予算をもっと削って装備品の生産が縮小された場合、これらの何千社にものぼる中小企業にとっては計り知れない打撃となるのだ。

もちろん、各企業は防衛装備品だけを請け負っているわけではなく、「民需」つまり一般向けの製品も製造している場合が大半であるから、防衛装備品の数が減っても、そう簡単に会社は潰れることはないと思われるかもしれない。

しかし、リーマンショック以来の景気低迷により民需部門は陰りをみせており、防衛部門を補う余力はもはやない。今、膨大な数の防衛関連企業に訪れている危機に防波堤はなく、そのまま数千社の社員、その家族、出入り業者に至るまで、まるで津波のように襲うのである。

それに、これらの防衛関連企業には、防衛需要（防需）への依存度が五〇％以上、中には八〇％という企業もある。なぜリスクヘッジしないのかと思われるかもしれないが、防衛装備は特殊なものであり、専門の技能や設備を要し、また防衛政策に関わる保全という意味においても民生品と一緒には製造できないことも多く、何より「儲け」ではなく、「使命感」でもっている企業がほとんどなのだ。

では、それらの企業に対し、金銭的な援助をすれば問題は解決するのかと言えば、必ずしもそうではない。装備品を作るためのノウハウを持った「人」があって初めて生産ラインは維持できるのである。そして、ラインは量産を前提とするものであり、年に一つ二つ製造する程度ではノウハウを持った「人」の維持や育成も困難だ。

町工場はノウハウを持った「人」が存在し、注文があって常に機械が動いてこそ、血液が循環し呼吸をして、日本の心臓部となり得るのである。延命措置をしようにも注文という酸素を送り込まなければ、その行く末にあるのは「死」だけだろう。

方策を打たなければ手遅れになる。しかも今すぐに。なぜなら今、この瞬間にも防衛部門から撤退、または倒産、廃業する企業が相次いでおり、職人たちは日に日に高齢化し、技術の継承はいとも簡単に途絶えてしまうからだ。

現代風の常識で考えれば、特殊で優秀な技術を持っているのなら、お金になるビジネスに転化する方法もあるのではないかという発想にもなろう。それが生き残る道だと。

そこで、今、立ち止まって考えてみたい。いわゆる「防衛産業」とは何か、ということを。

防衛産業は「国の宝」と言えないだろうか？

これがなくなれば、国産装備品の製造ができず、万一有事になった時、輸入に依存していれば供給が途絶える可能性があり、その時点で国家の生命は終わる。

多くの防衛産業の人たちは「儲かるか」「儲からないか」という次元ではなく、「国を守れるか守れないのか」という視点で、日々研究開発に努めているというのが取材を通して得た私の印象だ。

彼らは防衛部門をビジネスのツールとしているのではない。なぜなら、すでにこの分野では商売としての「うまみ」はほとんどないのだ。しかし、世の中はそうした目で彼らを見ていない。

私はこれまで、元軍艦であり元南極観測船の「宗谷」や戦後から今に至る機雷の掃海部隊に関する本を書き、読んでいただいた多くの読者が、これらの活躍ぶりに共鳴して下さった。「防衛産業」については、その方たちは今、どのような印象をお持ちだろうか。

「濡れ手で粟のボロ儲け」「天下り先」「官とのもたれあい」などなど、正直言ってどこかスキャンダラスで、後ろ暗いイメージが先行しているのではないだろうか。

確かに私利私欲に走る一部の心ない関係者によって、こうした言葉を想起させるような出来事が起きることがある。また、もっとムダを省けるところや、調達と運用側との温度差が生じているものがあるかもしれない。問題があれば、厳しく追及する必要があり、その解決に向けて提言する客観的な機能も求められる。

しかし、一方で、私たち国民は多額の税金を投じている国防や、それを支える産業について十分理解しているといえるだろうか。

どんな人が携わり、どれくらいの時間をかけ、どんな思いで取り組んでいるのか、知っているだろうか。ニュースや新聞報道という「断片」でしか、防衛産業に対する評価をしていないのではないか。

国防の現場を理解することは、国民の務めと言っても過言ではない。私たちは、防衛産業に多額の税金を投じて、将来、この国を守れるかどうかに関わる国産防衛装備品、使われないことを祈りながらも、持つことで抑止力となる「国民の財産」を作っているのだ、ということを改めて認識する時期にきているのではないか。

私なりの視点で、これまであまり語られることのなかった「防衛産業」の実態を覗いてみたいと思う。

誰も語らなかったニッポンの防衛産業——目次

第3章　戦車乗りは何でも自分でやる

第4章　戦車製造の最前線

第7章 富士学校と武器学校

第10章　日本の技術者をどう守るか

第11章　国内唯一の小口径弾薬メーカー

まとめ　防衛装備品調達の諸問題　

増補1　国産装備と輸入装備

増補2　君塚陸幕長インタビュー

（注）本作品に登場する方々の役職・階級などは取材当時のものです。

誰も語らなかったニッポンの防衛産業

第1章 国防を支える企業が減っている

富士重工VS防衛省の衝撃

私のような小娘（？）が、防衛関連企業の抱える課題や悩みを書こうというのは〝分不相応〟であり、内情をよく知る関係者からすれば釈迦に説法に違いない。しかし、私と同世代の女性たちや、自衛隊にも国防にも関心を持ったことがないという人たちに、少しでも理解してもらうために見たこと感じたことを書き綴ってみたい。

まずは、最近の防衛産業をめぐる出来事から。

平成二一年、驚くべきことが起こった。これまで日本の名だたる防衛産業の一つであった富士重工が、防衛省を訴えたのだ。

いったい、何が起きたというのか――。

係争中（※平成二七年、富士重工が勝訴）ということで報道ベースで辿ってみると、それは平成一三年（二〇〇一）にさかのぼる。この年、防衛省は対戦車ヘリコプターAH-1S（コブラ）の後継機としてAH-64D（アパッチ・ロングボウ）の導入を決定し、六二機購入するとしていた。

富士重工はまず、ライセンス料を製造元の米国ボーイング社に支払い、関連部品メーカーとともに生産に向けた設備投資などを進め、約五〇〇億円を初期投資する。そうした中、当のボーイング社が、米陸軍向けアパッチ・ロングボウの仕様をブロックⅡからブロックⅢに変更する決定をしたのである。

防衛省はこの点を「今後、陸上自衛隊が保有している仕様の部品などが、安定的に手に入らなくなってしまう恐れが高まった」として（「単価が高くなったから」というのが、もっぱらの噂だが……）、平成二〇年度（二〇〇八年度）以降アパッチ・ロングボウの取得を行なわず、調達数を一〇機で打ち切ってしまったのだ。

しかし、ボーイング社は陸上自衛隊向けアパッチ・ロングボウの生産に必要な部品はすでに確保していると言っており、富士重工にしても、その部品などを一括調達するつもりだったとしているのだ。とにかく同社はボーイング社に支払ったライセンス料を、六二機の一機ごとに上乗せして回収する予定だったので、それらの初期投資分、つまり立て替えていた分を取り戻せなくなってしまったのである。

単価は、確かに安くはなくなっていた。そもそも当初の調達単価は約六〇億円と言われているのが約八〇億円にまで膨れ上がり、逼迫する防衛予算を鑑みれば、調達中止もやむを得ないかもしれない。

しかし、企業としては、六二機の取得計画が一〇機でストップする打撃は極めて大きく、初期投資額はもちろん、将来の多額な売上げも水泡に帰したことになる。

そこで、富士重工は防衛省に対し、生産に必要だった初期費用は本来なら国が負担すべきだとして、約三五〇億円の支払いを国に請求する民事訴訟を東京地裁に起こしたのである。

これが今、「防衛産業の中核を担ってきたメーカーが政府を提訴するのは異例」と、報じられて、注目の的となっているのだ。一方で、従来は企業側が負う見えない自己負担は通例だったと言えるのかもしれない。

富士重工は「国の計画に従って生産を始めたのだから」と、国に負担を求め、防衛省は「単年度ごとの契約で、支払いの義務はない」と拒否している。なぜ、こんなにすれ違ってしまうのか。

装備品の調達は、「防衛計画の大綱」や「中期防衛力整備計画（中期防）」によって大枠が決められる。しかし、この時点では、あくまでも「中長期的な買物計画」であって、契約そのものは単年度で行なわれるのである。

つまり、今回のような調達計画の変更は、当事者の富士重工のみならず、あらゆる防衛関連企業に及ぶ可能性を秘めているのだ。

そこで、防衛省は平成二〇年度（二〇〇八年度）から、装備品の調達を開始する初年度に「初度費」として、生産設備やライセンス料などを一括で計上することにしたという。至極当然なことのようにも感じられるが、企業側に当初負担を「お任せ」していたこれまでの「常識」からすればこれは画期的なことだ。

また、今回「騙された！」（という表現が適しているかどうかはわからないが）と思っているのは富士重工だけでなく、防衛省側にも「安定的な取得ができなくなる（あるいは単価が高くなる⁉）とは予想外だ！」という認識があるようで、見解の相違があらわになった。

米国の生産中止は予見できなかったのか、また、そうした情報収集や分析はどちらが担うのか、防衛省・自衛隊の調達において最重要と思われる事々を、いわば「余力」でせざるを得ず、それらを任せられる確固たる機能がないという構造的な問題も露見するかたちとなった。

いずれにしても、欧米各国が今なお、不況の波を受けている中でのライセンス生産は、非常に不安定だと言える。アパッチ・ロングボウに限らず、今後も不測の事態が起こり得るのではないだろうか。

官・民ともにそのリスクを最大限避けるべく、現在のような民側にダメージが大きい調達制度を、柔軟に見直すべき時が来ていると言えそうだ。

戦闘機生産の空白がもたらす生産技術基盤の弱体化

次に、平成一七年から選定作業に着手、紆余曲折の末ようやく決まった、航空自衛隊の次期主力戦闘機も防衛生産・技術基盤戦略に大きな問題を投げかけた。

わが国ではF-15、F-4、F-2という三機種の戦闘機を計三六一機（平成二四年防衛白書）保有しているが、F-4はまもなくすべてが退役し、F-2は平成二三年九月に最終号機が納入され生産が終了。これによって、わが国での戦闘機の生産は当面の間、途絶えてしまった。

また、F-15は現在、日本の主力戦闘機であるが、米国では「第四世代機」と言われ、すでに旧式化している。世界の戦闘機は、ステルス性にすぐれた「第五世代機」の時代に入っているのだ。

中国は二〇一七年頃に第五世代機の配備を目指していると言われ、すでに第五世代機の初飛行を終えたロシアは、二〇一五年頃に実戦配備するとみられている。

このままでは日本の航空優勢が保てない、つまり抑止が効かなくなる可能性が高まっているのだ。

余談になるが、以前、航空自衛隊小松基地を訪れた際、たまたまF-15戦闘機がスクランブル（緊急）発進をした現場に居合わせた。当日は、近隣で高校入試が行なわれているということで、午前中の訓練は中止されていたと聞いていたので、戦闘機の飛び立つ音が突然、耳に入った時、一瞬、何が起こったのかわからなかった。

「おそらくロシア機ですね。よくあるんですよ」

と、案内してくれた自衛官が説明してくれて、それが緊急発進だとわかった。

冷戦以降、減っていたロシア機に対するスクランブルが、近年やや増加傾向にあるということは承知していたものの、図らずもこうして目の当たりにしたことで、改めてその動向を実感することになった。

二四時間三六五日休むことなく日本の空を睨み「領空を侵すことまかりならぬ」と、空の守りに一丸となって取り組んでいることが、他国につけ入る隙を与えないのである。

「冷戦は幻だった」などと言って憚らない人がいるが、その感覚は日本の抑止力が功を奏した結果であって、それを理解せずに平和を享受することは、独立国家の国民として極めて危険な兆候と思えてならない。

さて、次期主力戦闘機の選定の経緯に話を戻すと、候補にあがっていた代表的なものは、まずロッキード・マーチン社の「第五世代機」F-22ラプターである。次に、同じくロッキード社の「第五世代機」F-35ライトニングⅡ。これは、米国の他にイギリス・イタリア・オランダ・オーストラリア・カナダ・デンマーク・トルコ・ノルウェーの計九カ国以上が参加しての共同開発。

そして、イギリス・ドイツ・イタリア・スペインの四カ国が共同開発したユーロファイター・タイフーンなどがあがっていたが、これは「第四・五世代機」。当初、F-22が航空自衛隊の本命と目されていた。

ところが、F-22は米国で生産中止が決定されたため、日本への販売は事実上閉ざされてしまった。米国としては、通常は間断ない開発努力で兵器の性能アップを図り、自国が最高のものを、そのワンランク、ツーランク下のものを当該国との関係を考慮したうえで輸出している。つまり、米国が財政的な理由で生産を中止し、次のステップに進めない限り、現状の最高レベルのものを日本に売ることは考えにくいからだ。

このような事情をかかえながら、機種選定にあたっては「性能」、「経費」、「国内企業参画」および「後方支援」の四要素を総合評価して決定する新しい方式での手続がとられた。この背景には装備品調達において透明性、公正性を高めることに加え、日本企業が製造・修理、さらに維持・運用まで含め関与できるか重視するという狙いがあった。

F-4戦闘機の退役がすでに始まっていることから、後継機の取得のための選定作業に残されていた時間は限られていた。こうして平成一七年七月から作業が本格化して、候補機種についての詳細な情報を入手するための調査、手続が行なわれた。その結果、開発・製造国から回答・提案が得られたのは、米国のF/A-18Eスーパーホーネット、F-35、四カ国共同開発のタイフーンの三機種で、結局、本命視されたF-22は取得の可能性のめどが立たずに断念せざるをえなかった。

前述したように、一〇年以内に中国、ロシアがいわゆる「第五世代機」を投入するとなれば、わが国としては、それらに対し、絶対優位の航空機を保有する必要性があり、次期戦闘機はそれを圧倒的に担保してくれるものでなければならない。

航空戦力の劣勢は、すなわち「制空権」の剝奪(はくだつ)に等しい。大東亜戦争時に本土が経験した、あの惨劇を思えば、制空権が奪われることの重大性が自ずとわかるものだ。

しかしながら、次期戦闘機を購入するとなれば、わが国にとっての重大テーマ、航空優位の確保はされても、一方で、大きな損失が考えられる。

それは、国内産業力の低下である。高額な最新鋭機をただ購入するだけでは、国内産業に何一つ利点がなく、F-2の生産終了とあいまって、現在の生産ラインや技術者の維持は極めて困難となるのだ。

提案された三機種中、最有力候補として浮上したのが、F-35ライトニングIIであった。ちなみに名称を「ライトニングII」としたのは、同じロッキード社が第二次大戦中に開発したP-38ライトニング戦闘機が過去にあるからだ。同機はブーゲンビル島上空で、山本五十六連合艦隊司令長官の搭乗した一式陸攻を撃墜したことでも知られている。

F-35は多くの国が共同開発に参加しているが、日本は「武器輸出三原則」により、米国とのミサイル防衛に関する共同開発などの一部を除いて、これに参加することができない。開発に参加していない日本が採用するとなると、多くの部品が輸入ということになり、やはり価格が高くついてしまうという懸念がある。

「国内でのライセンス生産も可能ではないか」という憶測もあるが、実際、F-35の生産が米国で本格化するのが平成二七年（二〇一五）以降で、その後、他の開発参加国などが取得することになり、日本にまわって来るのは、さらに先になるであろう。

それでは国内生産ラインに空白ができることになる。

こうした情勢の中、三機種に対する評価が行なわれ、評価基準の四要素について、性能面では機体性能、戦闘能力などトータルなバランスでF-35、経費面では機体価格でF/A-18、燃料費でタイフーン、後方支援面でF-35がそれぞれ最高の評価点を獲得した。

さて肝心の国内企業参画に関しては、F/A-18とタイフーンが製造参画や技術開示の程度が高く、F-35はこの点で最下位であったが、総合評価で最高点がつけられたのはF-35で、平成二三年一二月、ようやくF-35が次期戦闘機に選定された。

しかし、調達価格が当初見込まれていた一機あたり八九億円から、正式契約（平成二四年六月）が交わされた際には、最初に導入される四機について、九六億円（スペア部品を含めると約一〇二億円）に値上がりし、開発の遅れから価格がさらに高騰するのではないかとの心配が出ている。

また、防衛省が「防衛生産・技術基盤の維持・育成が重要であり、次期戦闘機についても、その製造・修理などへの国内企業の参画が確保され、国内企業による維持・運用にかかる適時適切なサポートが可能となるものでなければならない」としている方針が、どこまで実現可能なのかは、今もってはっきりしていない。

難航した選定作業の遅れと、今後のF-35導入までの予想される厳しい道のりは、防空という意味においても、また防衛産業の維持という点でも、計り知れない影響を与えている。

なぜならば、すでにしびれを切らせ、戦闘機部門からの撤退を決めたり、撤退を検討している企業が相次いでいるのだ。その数は平成二三年時点でも約二〇社にのぼった。戦闘機の製造には三菱重工などの契約（プライム）企業以下、約一二〇〇社に及ぶ下請け（ベンダー）企業が存在するが、その根幹を支える企業が、次々に去っている。

戦闘機のレーダードームや燃料タンクを手がけていた住友電気工業は、「防衛関連の事業は高度な技術力が必要とされながら、成長性に乏しく、限られた人材や生産設備は民間用に振り向けられるべき」（同社広報）との経営判断から防衛事業から手を引いた。

国内唯一の技術を有していた場合、今後は輸入に頼るしかなく、国内防衛産業にとって極めて重大な事態である。

国産の装備品を製造できなくなる……

苦境は海の世界も同様だ。

海上自衛隊では、潜水艦の製造が一時的にストップしたことが波紋を呼んでいる。自衛隊の装備品は、一つ退役すると一つ損耗更新するという仕組みで、潜水艦の場合、平成二四年三月末現在の保有数は一六隻（実戦部隊配備中のもの。他に練習潜水艦二隻保有）。

これまでは毎年更新があったが、平成二一年度（二〇〇九年度）は川崎造船（現・川崎重工）が受注できず、建造できなかった。それまでは三菱重工と川崎造船が一年おきで、建造してきたが、一年の空白ができてしまったのだ。

二二年度（二〇一〇年度）の概算要求では新規建造費五四四億円が計上され、川崎造船がこれを受注した。一度受注を逃すと建造の空白期間が生じ、技術者を維持することが困難になる。関連企業もこの空白には持ちこたえられない。

こうした事情は三菱重工にしても同じことで、新規をどちらが受注しても、いずれの企業にも大きな空白が避けられないのである。

潜水艦もまた、直接契約する三菱重工や川崎造船のようなプライム企業以下、一四〇〇社あまりの関連企業が存在し、技術の継承や基盤の維持が非常に厳しい状況に陥っているのだ。

ここで紹介した以外にも、多くの装備品に関して同様の状況が起きていると言っていい。

技術の進歩による装備品のハイテク化などを要因として、整備維持経費の占める割合が増加しており、主要装備品調達の比重は減少傾向となっている。

また防衛予算が八年続けて縮減されていることもあり、二二年度予算約五兆円のうち、装備品購入経費は九〇〇〇億円程度に抑制されているのだ。

この中で、陸海空の装備品を調達するのは必ず無理が出る。国の財政事情を考えれば、防衛費の増大は現実味が薄いかもしれないが、このまま目減りすれば、国内生産基盤は失われ、日本は二度と国産の装備品を製造できなくなるだろう。

防衛装備品の開発が民間に転用され、日本の技術基盤を押し上げるという面や、雇用、経済波及効果という面でも、数千社の防衛関連企業の維持は国家の使命と言えないだろうか。

だとすれば、これらが存続できることを視野に、予算を編成する必要があるだろう。

一方で、防衛産業には多くの退職自衛官が再就職していることから「天下り先確保のための調達が多いのではないか」と、国民が疑心暗鬼になっている点も看過できない。もし、現場の運用側が「必要ない」と感じているものがあるなら糺し、あるいはその有用性を運用側や国民にていねいに説明しなければならないだろう。

ムダを省き、不正があれば改めることに異論はない。しかし、「本当にムダなのか」「本当に不正なのか」という検証もしていかなければならない。

また、「輸入は安い」という見方には勘違いもあるのだが、国内では需要が防衛省・自衛隊だけという事情からコストがかかりすぎるため、輸入品の活用も必要となるだろう。

しかし、通常、外国は自国で兵器を作れないような国にはバカ高い価格で売り、安く売るものは粗悪品も多い。常に戦争が身近にある諸外国とのかけひきは、そう簡単ではない。

とにかく、輸入品を取り入れるにしても、国のステイタスに関わる物に関しては「国内生産基盤は守る」という意志を持ち続けることが大変重要ではないかと、私は思う。

では、これから、国内防衛産業の生産現場をご紹介していきたい。今回はとくに協力を得ることができた戦車や火器類の現場を歩いてみた。

第2章　国家と運命をともに

国産戦車製作の草分け——三菱重工

平成二二年のNHKの大河ドラマが『龍馬伝』ということで、坂本龍馬がブームになった。その登場人物の一人、岩崎彌太郎は日本の近代化とともに歩んだ三菱の祖である。龍馬と同じ土佐出身である彌太郎が興した三菱は、海運事業に始まって、鉱山、造船、銀行などの事業を通じて発展し、大正に入り、航空機や自動車にも着手するに至った。

大正一二年に起きた関東大震災の復興需要として増大したのが自動車修理で、それに加え陸軍の特殊車両の製作にもあたることになった。

その後、輸入戦車の修理も引き受け、これを完遂した実績が高く評価されて、昭和二年、戦車の発注を受けるようになったという。

昭和五年に八九式中戦車五両を完成させ、これが制式戦車の嚆矢（こうし）となり、民間工場で製造された最初の戦車となる。

実に、この時から現在に至るまで、三菱は戦車とともに陸上戦力の歴史を歩み続けている。

第一次大戦後の不況期を過ぎた頃、第四代社長の岩崎小彌太は、旧三菱造船と三菱航空機の合併を決意するが、海軍艦政本部と航空本部はそれぞれの事業の育成に力を尽くしてきただけに、事業の同一企業への一体化を嫌って猛反対した。

しかし、小彌太は、

「造船、航空機というような国家的事業を安定した基礎に置くことは、三菱が国家に負わなければならない責務である」

との信念から、軍当局内部のセクト的対立に根差したとも思われる反対意見を押し切って、両社の合併に漕ぎつけ、「三菱重工業」が誕生することになった。

「重工業」は「Heavy Industries」の直訳で、小彌太の発案によるものであったが、当時「重工業」を社名に織り込んだ例はなく、これが先鞭となって、この後、造船業を主体に経営の多角化を図る企業の社名に広く採用されるようになったという。

昭和一六年一二月八日に大東亜戦争が始まる。その二日後に小彌太は、系列会社の首脳を集めて開いた三菱協議会の席上、次のように説いたとされている。

「われらは平素においては、国民の一員として、あるいは政治外交の問題に種々の意見を立てて主張を明らかにせることなきにあらざれども、ことすでに今日に至りては国是の向かうところ昭々（しょうしょう）としてあきらかなり」

そして、次のように訴えた。

「国難突破の大業に貢献せられんことを」

「産業報国」をもって使命としてきた三菱の責務がことさら大きいことを小彌太社長は改めて周知徹底させたのである。

このようにして誕生した旧三菱重工業は、造船では戦艦「武蔵」、航空機では零式艦上戦闘機「ゼロ戦」をはじめ、世界に冠たる製品を産み出した。

しかし、昭和一八年以降、制空・制海権を奪われた日本の戦局は急速に悪化。本土を襲う連日の激しい空襲に、旧三菱重工業のほとんどすべての工場が被災した。中でも名古屋航空機製作所などは壊滅的な打撃を受けることになり、もはや生産を軌道に乗せることはできなくなっていた。

さらに二〇年八月六日広島に、九日には長崎に相次いで原爆が投下され、四つの事業所が被災。中でも爆心地に最も近く位置していた長崎兵器製作所では、瞬時にして工場施設のすべてが壊滅し、二二七三名の人命が失われた。

そして終戦を迎える。

「どこまでも国家と運命をともにせよ」

戦時下、軍需生産への対応に全力を注いできた三菱は、戦後は全面的に民需生産へと転換を図り、航空機、戦車、魚雷などを生産していた事業所では、ナベ、カマ、弁当箱、釘抜きといった小物から、トラック、冷蔵庫、自転車などなど、手当たり次第に手がけながら、懸命に這い上がるしかなかった。

その結果、戦前から蓄積してきた造船、造機、航空機などの技術を生かす方向で、民需向けの各種製品の生産が進んでいったのであった。

しかし、財閥解体のあおりを受け、旧三菱重工業は企業再編を余儀なくされ、昭和二五年に東日本重工業、中日本重工業、西日本重工業の三社に分割という形で解散することになってしまう。

この際、当時の岡野保次郎社長は全社員への告辞の中で、次のように自社を振り返った。

「わが三菱は創業以来、実に八〇年の久しきにわたり所期奉公を社則とし、単なる営利会社にあらざりしことは、すでに諸子のよく知るところなり。されば過去においても国運発展に関係薄き事業は、たとえそれがいかに利潤多きものであっても、かつて手を初めたることなし」

まさに「国とともに」という三菱の歩みを意味していた。しかし、それは必ずしも広く世間に知られるものではなかった。

「しかるに世間は必ずしも真相を知らずして時にいわゆる『財閥』として敵視するものもありたり。それにもかかわらず、今日のごとき混乱の末世においても、業界におけるわが社の信用絶大なるものある現実はなぜぞ。これまったく、社祖岩崎彌太郎以来歴代社長が真に国家の利益を第一義として、社業を経営し来れるがためにほかならず。諸子は今後常にこの大方針を忘れることなく、よく乏しきに耐えて大勇猛進を奮い起こし、正々堂々邁進せられるよう祈る次第である」

そして、最後にこう付け加えた。

「私はわが三菱重工業株式会社の最後の社長として、全従業員諸子に対し、どこまでも国家と運命をともにするべきことを要請する」

国家と運命をともに――こうして艱難辛苦の中、占領期を過ごした三菱であったが、昭和二七年、サンフランシスコ講和条約が発効し、日本の主権が回復すると同時に「三菱」の名を再び掲げることを許された。

また、講和条約の発効に先立つ昭和二七年三月、GHQから日本政府に対し、航空機・兵器製造禁止措置を緩和する覚書が出され、分割された三社は防衛装備品の生産に取り組むことになっていった。

昭和三〇年一二月にはSS車（試製自走一〇五ミリ無反動砲）を製作して防衛庁へ納入。そして、昭和二九年から開発・試作を重ねていた中型特車は昭和三六年早々に防衛庁から「61式戦車」として制式化され、陸上自衛隊の最重要装備として一〇両の量産が開始されたのである。

こうして三菱は、日本の特殊車両のトップメーカーとしても戦後の一歩を踏み出したのだ。

三菱創業以来の祖国に対する熱い思いは、時代と情勢が大きく変わった今も、その根底に流れているように、私の目には映る。昭和六二年には初の試みとして、企業のイメージキャラクターにタレントの国生さゆりが抜擢されたが、その大きな理由の一つは「国とともにある」企業理念と「国生」の姓がピタリとあったからではないか、という話も聞いたことがある。

ラインに乗る90式戦車は年間八両

私はこの三菱重工の汎用機・特車事業本部がある相模原工場を訪ねた。ここでは、90式戦車などの戦闘車両や、民需品として各種ディーゼルエンジンやターボチャージャー、建設機械なども手がけられているという。

（思ったよりも静か……かな）

それを口に出してよいのかどうか、迷っていたら、

「どうですか、寂しいでしょう」

と、戸惑う私を見かねて助け舟のように声をかけてくれたのは、どなただったのか。初めて足を踏み入れた戦車の工場で、見るもの聞くもの初めてであった私は、緊張のためか思い出せない。

強く印象に残ったのは何より工場の雰囲気だった。

実は私は、そもそも「工場見学」にはまったく興味がなかった。それなのに今から一〇年近く前、テレビ番組のディレクターをしていた頃に、いろいろな商品ができるまでの工程を追うというコーナーを制作することになった。

イヤイヤいくつかの工場にロケに行き、ぐったりして編集をしていたのだが、あの

経験が今になって活きた。分野は違うが、おおよそ工場とはどんな所なのかがわかり、相対的な見方ができる。それにしても、今、こうして自ら進んで工場見学をしている自分がいるとは、当時は夢にも思わなかったが……。

ともかく、そんな経験をしてきた私の、三菱の戦車工場の第一印象は、意外な静けさだった。

「昔は活気があったものですが、90式戦車が今や年間八両の生産ですから……」

そんな説明を受けて、やっと、その静寂の意味が飲み込めた。

工場とは量産してはじめて、賑やかに機械も人も動き出すのであって、数えるほどの製造だと、それぞれが黙々と作業をするしかないようだ。

しかし、会社としては稼動しないラインを遊ばせておくわけにいかず、民生用製品の製造にも使用するなどしてしのいでいるという。しかし、それにも限りがある。では一体、どのようにして工場を維持しているのだろう。

別室でブリーフィングを受けると、さらに厳しい状況がわかった。工場を動かせず、金曜日を休みにすることもあるようだ。三菱重工の特殊車両操業量は、平成三年度に比べて約八五%減。平成一七年には千歳工場が休止している。企業としては、もはやハッキリ言って「お荷物」と言われても仕方がないレベルである。

三菱重工相模原工場。戦闘車両や建設機械を製造しているほか、技術的な研究も行なっている。

危険水域とも考えられるこの数字に、経営上いつ「切り離し」が行なわれてもおかしくない。それをしないのは、携わる皆さんの「国防を担っている」という使命感と誇りだけだと言っていいだろう。

株式会社としては、株主の理解も得なければならず、年々肩身の狭い立場に追いやられているように見えた。

工場が稼働できないと、人も育てられない。しかし、まだ現役で運用される90式戦車のメンテナンスには技術者が必ず必要であり、技術の継承・維持は欠かせない。それはたとえば何千にも及ぶ部品を一つ一つ数ミクロンの単位で正確に調整するといった作業であったり、最終動作の確認作業でも、ちょっとした音の違いで判断ができるなどの長年の勘や経験。わずかな歪みを見つけ微妙な調節を可能にする眼力。複雑なねじれ構造になっているエンジン部などを数十ミクロン単位で精密な研削を行なう技術。さらに戦車砲を安定させたうえで走行しながらの射撃を可能にし、また安定した高速走行を実現するための履帯（キャタピラ）の設計など、枚挙に暇がない。

それらは、言うまでもなく、少なくとも五年〜一〇年の年月と十分な経験を必要とするのである。

製品への愛情なしにはできない仕事

特殊車両技術部長の鈴木博之さんは90式戦車に続いて、新戦車「10式（ひとまる式）」の開発にも携わった、まさに産みの親と言える。

防衛装備品は一〇年二〇年という長いスパンで関わるわけだから、誕生させるまでがめっぽう大変。生産が始まってからも関係は続くので、装備品の歴史は技術者自身の人生と重なり合う。

鈴木さんは、入社時の面接で、「趣味はプラモデル」と言ったら、「お前、戦車の設計はプラモデル作りとは違うんだぞ」と、たしなめられたというが、その日から幾星霜、今や押しも押されもせぬ技術部長である。

技術者というと、職人肌で気難しいものだという先入観があった。黙っている時の鈴木さんは、何かに怒っているようにも見え、やはり私のような者が神聖な戦車工場に立ち入ることは受け入れがたいのかな、と邪推した。

「鈴木さんはおいくつでいらっしゃいますか」

と、恐る恐る聞いて見ると、

エンジンの製造ライン。工場が稼働することにより、技術者の技能や技術が維持されている。

「郷ひろみと同じです」

と返事がかえってきたことで場がなごみ、私は一気に緊張がほぐれた。

北海道の美幌生まれ。父親は陸上自衛官で子供の頃は各地を転校した。「おやじは仕事のことは一言もしゃべらなかった」というわけで、自衛官としての詳しい勤務のことはよくわからないし、まったく影響されていないと、ご本人は言う。

趣味は映画鑑賞で、自宅や出張の際にDVDで楽しむ。気に入ったものは同じDVDを何枚も持っていて、繰り返し観ると言う。最も多く観たのは『ローマの休日』だというから、何もかもが意外だった。

「技術者の方って、もっとドライでクールな感覚なのかと思いました」

「そうでもないですよ。技術者こそ情がないとできないんです。さめていたら決して務まらない仕事です」

製品に対する愛情がないと、決してできない仕事。それは「もの」だけではなく、「人」に対しても同じだ。

一人で戦車を製造する、などということはできない。チームが同じ思いで邁進し、脱落者を出してはならないのだ。こだわりは大事だが、自分の考えだけに拘泥（こうでい）する気難しさがあると、物作りはできないという。物作りが大変なのは民生品でも同じだが、防衛装備品は、民生品にはないさまざまな壁が多く、一つの製品を完成させるまでの道のりは民生品よりひと際、長く厳しい。

「打ち合わせなどで『もうだめです』と、誰かが言い出す時があります。そんな時には『わが子でもそう言うのか』と問いただすんです」

戦車を作っているという、責任の重さを考えると潰れそうになる時もある。ありあまる要望と限られた資源の狭間で、投げ出したくなることがある、しかし、最後は製品に対する愛情が、たった一つの拠り所となるのだという。

「普通の物と違って、開発が遅れたからと、納入が遅れるのも許されないし、性能が足りないことも許されません」

プレッシャーは大きく、行き詰まることもしばしばだ。そして、そんな時はよく、自衛隊の部隊に足を運ぶという。自衛官が実際に活動する場に赴き、その声、その汗、その空気を感じることで、わかることもあるからだ。

「机の前ではわからないことがあります。自衛隊の現場に行くなり、直接人と話さないと本当の情報はつかめないものです。実際に見ないと、聞いて気持ちのいい情報は入って来ますが、本当のところはわからないのです」

戦車に対する要求レベルは格段に高くなっていて、冷戦期のような数を揃えて威圧するという位置づけから、ゲリラ・コマンド対処などの用途にも使われており、より高い技術力が求められているという。

コストは削減しなければならないし、クオリティは上げなくてはならない。「できない」とは言えないプレッシャーの中で、鈴木さんたち技術者は戦車製造という「戦い」の場に身を置いている。

「戦車不要論」を選んだカナダでは

「戦車」というと、どうしても冷戦の象徴的兵器、旧ソ連による大規模着上陸侵攻に備えた装備というイメージが強いため、「今、なぜ戦車が必要なのか？」という声も少なくない。一部の軍事専門家でさえ「戦車不要論」を唱え、「戦車はいらない」という論調が目立つ。

そんな中で、「いらない」と言われているものを作る技術者や運用する自衛官は、心中穏やかではないだろう。彼らは、「不要」なもののために知恵を絞り、悩み、汗を流していることになる。

確かに世界的に見ても戦車の数は減っている。戦車同士の戦いが展開される可能性も低減した。しかし、その傾向が逆に、戦車の存在意義を気づかせてくれた一面もある。

カナダ軍は、冷戦終結後、NATO諸国の中で最も早く戦車を廃止し、機動性のある装輪戦闘車両への移行を決めたが、アフガニスタンの戦闘において装輪戦闘車両では敵の脅威に脆弱であったことから整備体系を見直し、戦車を再装備した。しかし、すでに放棄した戦車の国産技術を取り戻すことができず、カナダ陸軍はドイツからの輸入に頼らねばならなかった。

戦車と装甲車では、その装甲板の厚さがまったく異なる。たとえば、タリバンなどの武装組織が容易に入手できるRPG-7などの携帯型対戦車ロケット弾に対して、装甲車は簡単に撃ち抜かれてしまうが、戦車は特定の部分を除けば、その攻撃に耐えられる構造となっている。さらに戦車の一〇〇ミリを超える砲の威力は強力で、武装組織はこのような兵器の特徴を理解して勝てる相手にしか攻撃を挑まない。これは、いわゆる「戦場における抑止力」というもので、地上戦においては戦車こそがその「抑止力」を備えた唯一の兵器なのだ。

米陸軍では、M1A2エイブラムス主力戦車（MBT）を退役させる計画だったが、イラクにおける戦闘の教訓を受け、戦車の能力をさらに強化している。

つまり、世界では戦いのスタイルの変化に応じて、戦車の活用の仕方が変わっただけで、必要性は従来のまま、あるいはこれまで以上の能力が求められているのだ。

また日本では「もはや大規模着上陸侵攻はない」というが、誰がその約束をしてくれるのだろうか。当面の可能性が低くなったとはいえ、将来のあらゆる事態を想定するのが国防ではないか。

戦車を作り運用する「戦車マン」たちは、新たな脅威に加え、まさにその「あってはならない事態」に備えるために日夜奮闘しているのだ。

また、敵が上陸して来た時は、もうすでに勝負はついているという意見もあるが、果たして本当にそれでいいのかどうか、そこに国を守る「国民の意志」が問われているのではないだろうか。

このように、私は戦車製造工場を見る前に、「戦車とは何か」「陸上戦力とは何か」を自分なりに頭の中で整理して行った。そこで思い切って「戦車不要論」をどう受け止めているかを尋ねてみた。

すると、鈴木技術部長はちょっと意外なことを言った。

「シーレーン防衛と戦車、どちらかにしかお金を使えないとしたら、私でも迷います」

驚いている私に、今度はゆっくりと語りかけるように言う。

「しかし、一つだけハッキリしていることがあります。それは、一度製造をやめてしまったら、次に始めたい時には、もう技術者はいないということです」

戦車製造を伝統芸能の保護と同じように捉えるのは、いかがなものかという意見が一部の専門家からもあるのは承知しているが、決して伝統芸能の話をしているのではない。これは国民の命がかかった安全保障の問題なのだ。

実は〝人にやさしい〟戦車

取材し、いろいろと調べるうちに、私は戦車の役割について、やや誤解をしていたことに気づいた。「機動力」「防護力」「火力」の要素を備える戦車は、それをもって敵を圧倒する極めて攻撃的な兵器だと思っていたが、戦車はその実、非常に防御的な兵器であることがわかったのである。陸上幕僚監部開発課に所属していた間瀬元康一等陸佐は、私に次のようなことを話してくれた。

「今、国際任務につくようになった自衛隊ですが、極めて軽装備で派遣することは、隊員をティッシュの箱に入れて送り出すのと同じようなことなんです」

戦車は人命を守る兵器でもある。また三菱重工で長く設計・開発に携わった林磐男氏による『戦後日本の戦車開発史』には、技術者としての叫びが綴られている。

「もし、われわれが自衛の戦力を持たなかったら、誰がわれわれを守ってくれるのであろうか。戦車は決して単なる戦争の道具としてあるのではなく、戦争を抑止し、われわれ自身を守るために必要な装備品なのである」

戦後、戦車を製造する技術者に対する風当たりは強く、正当に評価されなかったと振り返り、そうした陽の当たらぬ仕事に情熱を燃やしている後進に対して、「いたずらに無理解な逆風に惑わされることもなく、もっと胸を張って戦車と取り組んで欲しい」と林氏は書いている。

「戦車」を「特車」と呼んでいた時代もあった。世の中の軍事に対する無理解は、こうした誤魔化しの積み重ねによって、かえって助長してしまったのかもしれない。「戦車を作っている」と、ストレートに自分の仕事を言えない雰囲気の中で、苦労して取り組んでいた方々がいたのだと、改めて敬意を表したい。

先の間瀬一佐は、「現在の日本はまだ経済大国であり、技術立国と言えるので『財政支援』か『隊員の汗による支援』かを選択できるが……」と国際任務の将来の方向性を真剣に議論すべき時が来ていると、警鐘を鳴らしている。

確かに、今後、経済力の衰退に伴い財政支援ができなくなり、技術力を失った場合、国際社会において生きていくためには、お金を支払わなければ血を流すしかないとも言えよう。

現在は、わが国の財政状況は厳しくなったとはいえ、まだまだ十分な余力があるのだから、長期的な国力に資する技術はしっかりと残し、貴重な国家資産である人命を厚く保護する政策を、当然のこととして進めるべきである。

第3章　戦車乗りは何でも自分でやる

戦車射撃競技会でわかったこと

広く防衛産業の将来について取材し執筆するのが、当初の目的であったが、三菱重工を取材して図らずも「戦車」の認識を新たにした私は、戦車を含む火砲について、もう少し実践的な知識と意識を持たなければ、製造現場を回っても意味がないと知り、運用の現場を訪ねることにした。

なにしろ今まで、戦車に対しては「強い」とか「速い」とか、大砲についても「迫力がある」などといったイメージくらいしか抱いていなかった。毎年夏に東富士演習場で行なわれる総合火力演習で何度も見ていたのだが、ここは心を新たにして北海道に飛んだ。

ちょうど、北海道大演習場（恵庭市など）で、「戦車射撃競技会」が行なわれる時期だったのだ。

この競技会は、戦車射撃能力向上や団結の強化を目的に行なわれていて、日本唯一の機甲師団である第七師団を中心に、北部方面隊から90式戦車、89式装甲戦闘車（FV）、そして74式戦車の部隊から計七〇〇名近くの隊員が参加する。

競技は90式、FV、74式の三つの部門に分かれて行なわれ、小隊ごとに固定あるいは移動する標的を射撃して、その速さや正確さを点数で競うものだ。

この日、第7師団隷下の第71、72、73戦車連隊、第2師団隷下の第2戦車連隊、第5旅団隷下の第5戦車隊、第11旅団隷下の第11戦車大隊が集まり、北海道に戦車部隊が集中していていることを実感した。

90式戦車の部では、小隊が最長で約二キロ先の標的や移動する標的を射撃し、演習場に轟音を響かせた。最も得点の高かった小隊は「ベストプラトーン」として表彰される。

競技会の時は、緊張感を保つために、食事は競技が終わるまでとらないようにしている部隊がほとんどである。競技会に参加していた隊員たちはみんな相当な緊張感と興奮の中にあるので、出番を終えた部隊の昼食をとる時間を少々いただいて話を聞

北部方面隊での戦車射撃競技会で出番を待つ 90 式戦車部隊。

くことにした。

第72戦車連隊所属の三人、小隊長で車長の山下世希二等陸尉、砲手の新田晴三等陸曹、操縦手の豊耕也一等陸士だ。

新田三曹は勤務一〇年目にして砲手に選ばれたという。

「昨夜は夜中に何度も目が覚めて眠れませんでした。砲手は責任が重大です。砲手になってからは、家に帰ってからも今日撃った弾と前に撃った弾を頭の中で比べてみて、どうしたら真ん中に当たるか、それればかり考えています。だから寝るのはいつも夜中の一時か二時。寝ないで朝を迎えることもあります」

山下二尉によれば、ふだんは実弾を使用する訓練はほとんどできず、シミュレーターを使った訓練設備も北千歳にはあるが、競技会のライバル連隊が所在するので「貸してください」というわけにもいかないのだという。各部隊とも競技の条件は同じでも、平素の訓練状況には差があるようだ。

また戦車職種は人が減少しているのも悩みの種だという。これは陸自全体を一八万人から一四・八万人に減らしている影響もあるが、他にも理由があるという。

「実は古い陸曹で、職種転換するケースが多いんです」

防衛費削減のあおりで戦車の数も減り、乗員枠も減っているので、古参の隊員は行き場がなくなってしまうのだ。

ベテランになってから普通科（歩兵）や化学科職種に移ってゼロから始めるのは、行く当人はもちろん、受け入れる側の双方にとっても想像以上の困難をともなう。それに古参の陸曹はその道の「職人」で、こうした転換は組織にとっても痛手となる。

後輩である若い世代にとっても、これは他人事ではない。努力を重ねて戦車乗りになれたのだから、この道を極め、定年まで同じ職種に尽くして後進の育成もしていきたいと思うのは当然だが、現実はなかなか厳しい。

また、新田三曹は、イラク派遣の国際任務についた経験を持つ。自衛隊に入ったからには何か自分が自衛官であるという証しを残したいと海外勤務を熱望したという。

そうした機会があったら、また海外に行きたいかと新田三曹に尋ねると、予想外の言葉が返ってきた。

「海外に行ったことによって、日本は本当に良い国だと改めてわかりました。今後は、海外派遣という間接的な形ではなく、日本にいて、この国を直接守りたいと思いました」

こうした多くの自衛官の純粋な思いを育て、実現できるような国防政策を政治家には強く望みたいと、つくづく思う。

戦車乗りと馬乗りはそっくり

戦車射撃競技会では、選抜されて実際に戦車に乗れる隊員だけではなく、応援する隊員も真剣で気合が入っている。整備要員の射撃を見守る表情からも団結力を感じた。彼らにとって、こうした競技会や演習は日頃の成果を試す大きな機会であり、各部隊の練度・士気を向上させるためにも重要なイベントとなる。

こうして常に技量を高めている自衛官の姿勢は、間違いなく近隣諸国の軍関係者は知っている。それこそが「抑止」となることも忘れてはならないだろう。このような競技会・演習は決して「お祭り」ではないのだが、心配なのは、昨今の予算削減により、回数を減らしたり、規模の縮小、あるいはやめてしまおうという声が聞かれることだ。

競技会や演習の趣旨を理解せずに縮減すれば、隊員の士気は下がり、国民の国防意識はますます薄れるだろう。近隣諸国にも「この国は国民を守る気概がない」という誤ったメッセージを与えかねない。

参加した隊員にいろいろと話を聞いた。戦車小隊を指揮する藤田宏和三等陸尉は平成八年自衛隊生徒第四二期生（少年工科学校）出身で小隊長を務める。小隊は小隊長を含めて一二人ほどで、一九歳～四四歳という年齢の開きがある。車長よりも小隊長の方が若いこともあるそうだ。しかし、そうしたことは同じ「戦車乗り」同士、そんなに気にならないという。それより気を遣うのは、戦車一両五〇トンという巨体を動かすための整備だという。

「戦車乗りの気質は、パッパとあれやろうこれやろうと考える。短気なのかもしれません。同時に几帳面なところも必要で、90式などは外は丈夫そうですが、中は繊細なので、整備をしっかりやらないとだめなんです」

本格的な整備にあたるためには、ＭＯＳ（特技）という自衛隊内での資格を取得しなければならない。通常簡単な整備であれば乗員自らが行なう。車長は運行の前後はもちろん、行動中も燃料やオイル漏れの有無、各部に異常はないかなど、常に注意を払い、何かあればすぐに修理を実施する。大きな修理では、外れた履帯を付けたり、戦車砲の分解まで行なうこともあるという。何でもできないと戦車乗りは務まらないのだ。

第73戦車連隊小隊長の藤田３尉にインタビューする筆者。

泥だらけになった戦車の「洗車」も容易ではない。履帯にはさまった泥や小石をていねいに取り除き、戦車砲の内部の汚れを落とす。怠れば必ず故障につながるので、訓練を終えて疲れていようがいまいが、決して手を抜かず、全員が必死に取り組むのだ。

砲腔(ほうこう)の掃除は、陸自の持つ大砲でも、護衛艦のものでも、大きな掃除具を何人もの隊員が持ち上げて、耳かきのように砲身に入れては出すという作業を繰り返す。かなりキツい作業で、これは体力維持やチームワーク醸成の一環にもなるが、海外では機械が自動で掃除をしてくれるところが多いという。機械を使えばその間に食事をしたり休養をとることができるので、欧米の軍隊では積極的に取り入れられている。陸自にも各戦車連隊に一台は装備されているというが、日本人としては、わが愛機の整備が済んでいないのに、自分だけくつろいで待つことに抵抗があるとも聞く。

このあたりの精神性の違いは、常に戦争が身近にある国とそうでない国の差のようにも思える。いずれにせよ、米国では砲の手入れを怠ったために砲身が破裂する事故が起きたというから、砲身の掃除は極めて重要であることは間違いない。

燃料（軽油）の給油も骨が折れる作業だ。各駐屯地にある給油所で行なうが、演習などではドラム缶から直接給油する場合もしばしばある。約二〇〇キロのドラム缶を皆で降ろし、手回しのポンプを何百回もまわすと汗だくになるという。

そういえば以前、戦車乗りの高田克樹一等陸佐が、「訓練が終わったら、まず飯を食わせてやれ」と言ったことを思い出す。食べさせるのはもちろん戦車にだ。

どうも戦車乗りの皆さんは、「故障しないように」とか「整備のため」というよりも、戦車を仲間として労（いた）わり、取り扱っているようにさえ見える。

戦車は何ごとにも人手が必要で、シートをはがすという作業でも二〜三人の力がないとできない。内部構造もハイテク化し整備する箇所が増えている。そんな状況でありながら、その「人」が減っているのは、大きな悩みである。

74式戦車は四人乗りだったが、90式戦車は自動装填装置の導入で装填手は「いなくてもいい」ということで三人乗りになった。今後、二人乗りなどさらに少人数化された場合、一人にかかる負担はさらに大きくなるだろう。

ところで、私は学生時代、戦車乗りならぬ「馬乗り」で、馬術競技会などを経験してきたのだが、馬と戦車はまったく同じだと思った。騎兵から生まれた戦車部隊の出自からすれば当然なのだが、驚くほどにその精神が受け継がれている。

たとえば、戦車が等間隔で走行しながら各個に右へ進むといった動きは、乗馬でも上級に進む過程で必ず行なわれる基本動作で、馬を完璧に乗りこなせないとできる技ではない（ちなみに戦車でもこの動きを見れば小隊のレベルがわかるという）。

各馬が一馬身（馬一頭分）の間隔を常に保って運動をするのも至難であり、列を組んでいる中での「各個運動」という、およそ馬の生理に合わない動きを、乗り手の意志どおりに行なわせるのはむずかしい。

だから、馬と人の技量が足りないでこれをやると、列が乱れてバラバラになってしまう。それを各戦車小隊は整然とやってのけ、その見事さに惚れ惚れするほどだ。

搭乗する前後の始末もよく似ている。乗馬に際しては、脚に故障はないか点検することはもちろん、ブラシがけから馬装を迅速ていねいに装着し、乗り終えたら「まず水を飲ませろ！」となる。次に全身を綺麗に洗い乾かす。脚まわりは熱や腫れがないか触ってみて、もし炎症などが認められれば、ある程度は乗り手が自ら治療する。蹄の裏についた泥や小石はすべて落さねばならない。途中で馬が暴れて蹴られても気にせずに作業する。早く休ませてやらないと馬だって風邪をひくし、お腹も空く。ここで完璧な手入れをしておかないと、足元から炎症を起こして致命傷になりかねない。

そんなこんなでようやく手入れが済み、馬に飼葉をやって、乗り手の仕事が終わる。

このように一連の動きと気の使い方が、戦車乗りと馬乗りはそっくりで、私には戦車が身近なものに感じられるようになった。

戦車のこれからを考える

第7師団第73戦車連隊長の藤原修一等陸佐によれば、自分には忘れられない「初恋の女性」がいるという。

彼女の名前は「一四四七（ひとよんよんなな）」。最初に乗った戦車の車番である。

「わがままで性格がすごく悪かったんです。訓練に行く時、一台だけエンジンがかかりませんと言われ、どれだというと、小隊長車ですと、しょっちゅう言われました」

この扱いの難しい戦車こそ、藤原一佐の最初の恋人で、今でもよく覚えているという。

「まだ上富良野にいるらしいということがわかって、ときどき様子を見に行ったりしているんですよ」

第72戦車連隊の若い隊員と記念撮影。

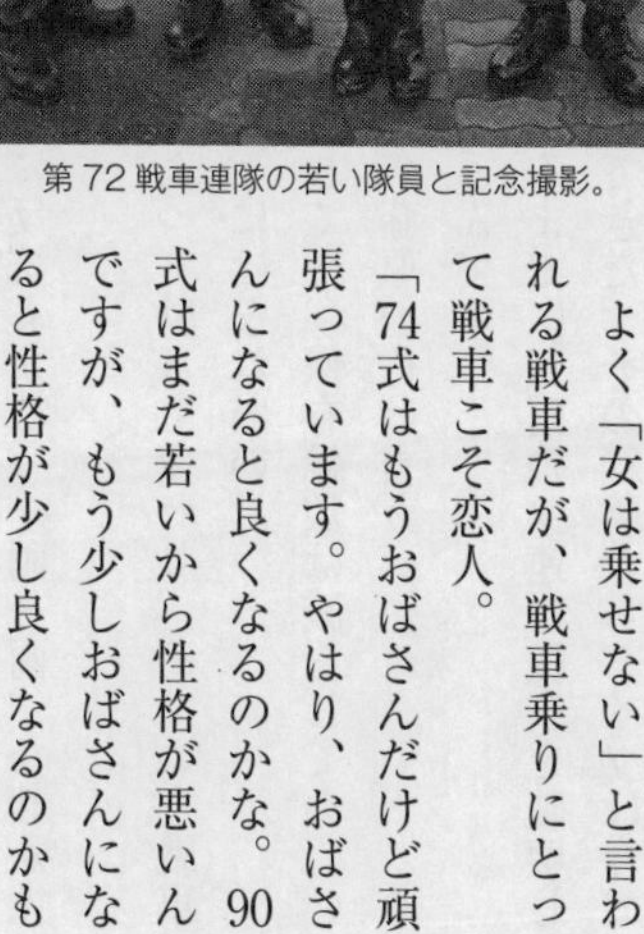

よく「女は乗せない」と言われる戦車だが、戦車乗りにとって戦車こそ恋人。

「74式はもうおばさんだけど頑張っています。やはり、おばさんになると良くなるのかな。90式はまだ若いから性格が悪いんですが、もう少しおばさんになると性格が少し良くなるのかもしれませんね」

戦車は生きてる。性格がある。意思があると思わざるを得ない。子供のように苦労して産み育て、可愛がり、手間がかかって、たまに反抗もする。一両一両、なぜか性格が違うのだと多くの戦車乗りが言う。

そして、毎日ちょっとした環境や条件の変化によって動きも変わり、そういう戦車の微妙な変化を読み取らなければ一人前の戦車乗りにはなれない。

では、数の問題はどうだろう。戦車は必要だとしても、保有総数は減らしてもいいのではないかという意見もある。74式戦車が初恋の藤原一佐は言う。

「我々は『質』を充実するしかないが、限界があるんです」

第二次大戦末期、ドイツの戦車は、一両やられるまでに五両のソ連の戦車を破壊したという。そのためソ連は二〇倍の戦車を投入してきた。その経験からドイツは今でもヨーロッパの中では多くの戦車を保有しているという。

これは、戦車に限らないだろうが、兵器はいくら質が良くても、単独では役に立たない場合もある。「数」が相手心理に及ぼす影響は「質」を凌駕するのだ。

また、戦車は歩兵（普通科）の盾や通信機能としても有用である。歩兵の動きを無線でコントロールすることができ、戦場における指揮・統制機能、通信の中継点としても有効だ。10式戦車は重量は90式よりも六トン軽量化した四四トン。小型化に成功し、北海道のみならず本州での運用も可能になった上、Ｃ４Ｉ（指揮・統制・通信・コンピューター・情報）システムを強化し、非対称戦やネットワーク中心の戦いにおける指揮・統制の中核としての機能性を高めている。今後予想される「ゲリラ・コマンド対処」という視点でも、歩兵と協同する数量はぜひ確保したいというのが、戦略上の要請である。

また戦車の総数が減ると、防衛産業の技術基盤の存続が危ぶまれ、国内生産の道が永遠に閉ざされる可能性が高くなることを忘れてはならない。

とにかく、戦車＝冷戦の産物という固定観念をぬぐい、こうした現実的視点に立って「戦車の今後」について語らなければならない時期にきているようである。

第４章　戦車製造の最前線

節約しても「物作り」の矜持は失わない――常磐製作所

戦車一両を製造するのに約一三〇〇社の企業が関わっているということで、下請け（ベンダー）企業を訪ねてみることにした。

神奈川県伊勢原市、落語の『大山参り』でも知られる、あの大山が拝める伊勢原団地の一角に常磐（ときわ）製作所はある。昭和一八年設立の同社の創業者森傳次郎（でんじろう）は、新選組副長の土方歳三の血縁だという。

ここは三菱重工の製造部門を担う企業で、各種エンジンのターボチャージャーの製造などを手がけ、生産ロットが少ないものを作っている。

ターボチャージャーの場合、官民問わず年間七〇〇種類以上も作っていて、顧客も多岐にわたっている。世の中に出回っているエンジンの種類がそれだけ多いということである。

納品後のアフターケアもあるので、防衛省から漁業関係者まで付き合いの幅が広く、製造もさることながら、さまざまな顧客とのコミュニケーションも欠かせないという。

「漁師さんにとってエンジンの性能は直接収入に関わる死活問題です。皆さんそれぞれ創意工夫で改造することもしばしばで、その結果『故障した!』と激怒されて四苦八苦することも多いんです」

その漁師さんの数も年々減っているという。

常磐製作所では、こうした多種類の製品を一つの工場に凝縮して製造しているため、技術者もどんなものにも対応できる「多能工型」が求められ、そうした人材を育成している。

工場に足を踏み入れると、中は確かにこぢんまりとしているのだが、とにかくどこもピカピカで、きれいなことに驚いた。工具類が整然と並べられていて、まるで展示品のようだった。床もよく掃除されていて、歩くのも恐縮してしまう。

聞けば、工場内を清潔に保ち、掃除をこまめにすることで、あやまって部品を床に落とすと、とても目立ち、気づいたらすぐに棚に戻すので部品のあやまった組み込み

工場内は常に整理整頓が行き届いており、これも「コスト削減の一環」である。

を防止するのだという。これもコスト削減の一環なのだ。

ここでも経費削減は至上命題で、そのために「経費削減プロジェクト」を実施し、白いウエスよりも値段が安い黒いものを半分に切って使ったり、オフィスでは裏紙を使うなど、倹約をして消耗品の節約を班ごとに競わせ、工場内にグラフ化して貼り出している。

しかし、そうしたコスト意識の中でも、「物作り」の矜持は失ってはいない。ちょっとした温度の違いで寸法に狂いが出るため、空調にはとくに気を使い、どんなに経費がかかっても二四時間三六五日、空調は入れたままだという。ミクロン単位の仕事ならではのきめの細かさだ。

「実は経費節減を意識した従業員が連休中に空調を消してしまったことがあって、ターボチャージャーの部品が錆びてしまったんです。実際、機能にはさほど支障ないのですが、すべて錆を取り除く作業をしました」

そんな苦い経験をして以来、空調の重要性を再認識したのだという。

日本の品質管理・顧客の要求は、それがちゃんと使えるかどうかだけでなく、錆などの見た目の良し悪しにまで及ぶ。性能も外観も常に完璧が求められるので、それを目指さなければならない。このあたりは外国との違いが大きく、良くも悪くも日本人特有の性格と言えるかもしれない。

以前、常磐製作所では一部製品の受注激減により、そのラインを週に一度、二カ月間ストップしたという。このように、まだらに稼働する状態は、やりくりが難しいらしい。

そういう時は、従業員をどう動かすかが課題となる。今は清掃の徹底などでピリッとした空気を作っているが、そもそも仕事がなければモチベーションも下がる。従業員の意欲をどのようにして維持するか、人材の管理がいちばん大きな問題だという。

新戦車三両カットの先にあるもの――洞菱工機

神奈川県藤沢市にある洞菱(どうりょう)工機は、住宅地の一角にある町工場だが、ハイレベルな金属部品加工技術を持っていて、三菱重工とは61式戦車の頃からの付き合いだという。90式戦車のサスペンションアームの加工などを手がけてきた。

一見、戦車の部品を作っているようには見えない、ごく普通の町工場である。こういう所が自衛隊の装備品を支えているのかと意外に感じる。倉庫にはものが入りきらず、外に溢れていて、大きなホイールなどが見えている。

「新戦車製造を見込んで、少し離れた所に新しい工場を建てたんです。ここでは倉庫もなく、最新の設備もありませんし、新しい戦車には対応できないので……」

新しい工場も見せていただいたが、社長の洞口(ほらぐち)芳彦さんはため息交じりに言う。

「年間三〇両くらいの生産があるという話がありましたので、思い切って設備を入れましたが、予算は一六両になり、さらに削られて一三両ということで、一体、どうしたらいいのか……」

新戦車(10式戦車)の予算は、陸自として五八両一括調達の要望を出したものの、概算要求段階で一六両となり、さらに財務省に査定で切り込まれ、結局二二年度予算では一三両の調達となった。町工場の社長さんにとっては、命を削られるような数字である。工場横には真新しい独身寮もあったが、今後、社員を採用できるかどうかも先は見えていない。

洞口社長は職人であった父の姿を見て育った。いわゆる町の鍛冶屋、山梨でおせんべいの金型などを作っていたという。

子供の頃、コークスの上に落ちて大けがをしたことがある。その頭部の傷がまだ残っていて、脳裏に焼きついた働く父の後ろ姿とともに消えることはない。機械をいじりながら成長した少年時代だった。

昭和二九年に大田区に移った。引っ越しは青函連絡船「洞爺丸」が遭難した台風の日であった。引っ越し先に電球がなく、膝まで水に浸かって買いに行ったことが強烈に記憶に残っているという。

社長に就任したのは昭和五六年、父がくも膜下出血で倒れ、そのまま復帰できなかったのだ。

大けがに大嵐、そして思いがけない社長就任と、起伏の激しい道を歩んで来た洞口社長が、財産を投じて作った新設備と従業員たちを抱え今度の山は乗り越えられるか、それが気にかかる。

しかし、従業員の話になると目の色が変わった。

「社員はみんな優秀な者ばかりです。国を守る装備を作っているという意識を強く持っています。『俺も国防を担っているんだ』という気持ちです」

そして、できることなら完成した戦車を従業員みんなに見せてやりたいという。私は意外だった。完成品を見ることはないのだろうか？

ハイテク化に対応するため、洞菱工機は新しい工場を建設したが…。

「実はなかなかチャンスがないんです。あれば励みになるのですが、夏の富士総合火力演習は人数が限られますので、なるべく順番で行かせるようにはしています」

社長が言う富士総合火力演習とは、陸自が年に一度、東富士演習場で公開する実弾演習のことだが、観覧希望者が多く、関連企業といっても、社員全員で見学するのは難しいようだ。自分たちが心血を注いで取り組んでいる作業だが、戦車の一部品となるとどうしても成果を実感しにくいという。

　そんな中、たまに制服の自衛官が工場を訪れてくれると、非常に刺激になり、従業員のモチベーションもがぜん上がるという。だが制服自衛官によるベンダー企業の視察は、そうそうあるものではない。

　また、洞菱工機もぎりぎり精一杯のところでコストの削減をしているが、量産ができないため、知恵の絞りようがないのも現状だ。

「コストを考えろと言われても、数も少ないし、どうしたらいいのか作りようがありません。どうしたって手間暇はかかるんです」

　10式戦車は足回りの部品を減らしつつ、従来のものより二割程度強度を増すことを要求されている。これを実現させるための金属加工は大変苦労したという。従来の工程よりも時間はかかり、カッターの刃も一本だったところが、二本必要になる。そうした「目に見えない負担」は企業努力に頼っているのが現状である。

　取材後、食事をしながらの雑談で、従業員の結婚式が近いという話になり、洞口社長は初めてほころんだ表情になった。従業員の幸せは自分の幸せという面持ちだった。しかも従業員全員の誕生日にはそれぞれプレゼントを贈っているという。

「毎年、考えるんです。けっこう喜んでくれるんですよ」

　誕生日プレゼントを贈るようなタイプには見えない社長さんの口から照れくさそう

ベンダー企業では完成品を直接見る機会がほとんどない。

に出た言葉に私は少し驚いた。社員旅行も無理のない場所に、みんなで行くようにしているという。

コスト削減の厳しい中でも、従業員に誕生日プレゼントし、みなで社員旅行に行く。これも国防の一翼を担う洞菱工機社長としての「物作りの矜持」なのだと感じた。

プライバシー優先の時代であっても、こうした町工場では従業員が全員同じ場所で昼食をとる所が多い。最近は配達の弁当を頼む工場も多いと聞くが、洞菱工機では二〇年来、弁当だけでは足りないだろうと、従業員のためにみそ汁やそうめんなどの「サイドメニュー」を作ってくれる女性社員もいて、若者たちのために尽くしてくれている。人の温かさが工場を支えているのだ。

独身寮を整備し、従業員がちゃんと栄養のあるものを食べているかどうか注意を払い、結婚して独身寮を出ることも心から喜ぶ。そんな人情味溢れる社長が率いるのが、戦車の重要部分を担う洞菱工機なのである。

10式戦車の数が当初の要望五八両から、一六両の概算要求となり、さらに財務省の査定で三両減らされて一三両となった。なぜ三両カットされたのか？ 将来のわが国の陸上防衛が成り立つか立たないかという理論は微塵もなく、他の予算の財源のために削られたのだと私は思う。

そして、この三両の違いが町工場の経営を大きく揺るがし、従業員たちの生活をおびやかす。そうはさせじとする社長の悔し涙を、防衛省も財務省も知るよしもないだろう。

職人集めはバンド作りと同じ——エステック社

「あれ？ どこだったかな、道に迷ったかもしれない」

車で案内してくれた三菱重工の鈴木博之技術部長が地図を見てつぶやいた。私たちは、神奈川県綾瀬市の工場地帯をぐるぐる回って、やっと目的地に着いた。

「あった、あった。ちゃんと看板が出てるじゃない」

一見して防衛産業とは想像できないエステック社の正面。

確かにこうした下請の工場は大きな門や守衛さんがいるわけじゃなく、下手したら看板もないので場所を見つけるのは容易ではない。

その日、訪れたエステック社は、自衛隊が使う各種トラックのバンパーや荷台などを請け負っている企業だ。

近くには海上自衛隊と米海軍が所在する厚木基地があり、時折、上空を通りすぎる航空機の音で会話が中断される。

事務所の横にある食堂でいろいろとお話を聞くことになった。年季が入ったイスとテーブル。殺風景ではあるが、職人さんたちの憩いの場である。

「曲げて、叩いてという板金をやっています。ここは一人ひとりの作業になるので、流れ作業は一切ありません。昔ながらの手作りですね」

職人さんは八人ほどで、二〇歳ぐらいの若い人から定年延長した六〇代の人もいる。それぞれ担当が決まっていて、全員が図面を見なくてもこなせるくらいの高い技術を持っているという。

「社長の腕がピカイチなんです」

三菱重工の鈴木さんが言う。プライム企業の技術部長が惚れ込んだその下総幸男社長は、ふだんはツナギ服姿で工場にいるのだという。社長自らが会社の屋台骨を支える職人なのだ。

ひと口に「板金」といっても、ここで作業しているのは薄板板金だという。最も厚いもので一六ミリほど、実際は二〜三ミリくらいのものが主流で、03式中距離地対空誘導弾（中ＳＡＭ）のトラック用など一・六ミリのものもあるという。

「今は機械が主流ですが、社長はずっと手で叩いてやっているんですよ」

機械では細かい要望に応えられないという。板金には微妙な誤差があり、そのあたりをきちんとした寸法に収めるのが職人技である。何年かけたからといって、誰もがこのレベルに到達できるわけではない。

「入社試験はあるんですか？」

と聞くと、皆さん笑って、

「まあ、最後は社長の独断ですね」

と言う。

鈴木さん曰く、職人集めはバンド結成と同じで、基本的にリーダーである社長が目をつけた人に声をかけるというやり方なのだ。

腕のいい職人は一度切ったら集められない

「若い子はコンピューター操作の担当で、板金機械の操作は年配者と役割が分かれてきますね」

板金は「曲げて叩いて成形する」作業であり、若い人はプログラミングは得意で、その点は頼もしいが、金づちを持たせて叩いて溶接するなどの技術は経験を積まないと難しい。

「手でやるのはまさに『手加減』です。溶接の加減を覚えるまでには時間がかかります。触ればヤケドもするし、叩けばケガもする。下手したら指も飛びます。そういうのは体で覚えるしかありません。よく若い人が仕事がないというけれど、本当にないわけではありません。やはりこういう三K職場に来る若者は少ないですよ」

せっかく入ってきたやる気のある若い職人を育てたいところだが、仕事量が少ないとそうもいかない。エステック社では前年よりも約六〇%売上げが落ちたという。

「操業が五日もたなくて、しばらく金曜日から休みにしていました。休業にすれば従業員の賃金もカットすることになるので、それはそれで大変なんです。残業もできないので午後五時五分過ぎには誰もいません。みんな五分で着替えてさっと帰りますよ」

仕事がないので、正月休みも年末の二五日からとったという。かつてはトラック業界特有の排ガス特需で救われたこともあったが、それがなくなったうえに、リーマンショックの余波で操業日数がガクッと落ち込んでしまった。

今は、小さい仕事でも取ってきて、なんとかもたせているが、売上げは少ない。たとえ一〇万円ほどの仕事でもコツコツ積み上げていくしかないのだ。これは大半の下請けの中小企業に共通した状況だろう。

民需がそのような状況なので、今は防衛省の仕事が主流となったが、なかなか台数が読めず苦労しているという。

「ただ単に機械で打ち出せばいいという量産品じゃなくて、一つ一つ手作業なので大変です。世間では派遣切りとかやっているようですが、仕事がスポットで入ってくるので、職人はキープし続けなければなりません。でも、職人たちが常に八時間働くことができないと会社としては苦しくなるんです」

腕のいい職人さんを一度切ってしまったら再び同じような人材は簡単に集まらない。一人での作業はその職人の腕にかかっているので、それがそのまま会社の技術力になる。仕事がないと職人さんを維持できないため、今は職人さんの仕事量をキープすることが最優先だ。

職人としての矜持

食堂での取材を終えてエステック社の工場内にお邪魔すると、一般的に思い描く広々とした「工場」のイメージとは違い、「作業場」という表現がしっくりするような狭い空間の中で、職人さんたちがそれぞれ黙々と作業している。

「これでもずいぶん広くなったんですよ。前の工場の時は物の置き場がなくて、足の踏み場もなかったんですから」

鈴木部長が笑いながら言う。

広くなったというが、三年前までは一〇〇平米の建物で、それぞれの作業場の間隔がもっと狭く、隣の火の粉が飛んできたという。

「奥のものを出そうとしたら出せなかったんですよ。通路がないから物を外に出して、床に鉄板がいっぱいあって、危なくて歩けなかったですね」

職人さんが笑いながら話す。

「ここに引っ越してきても、作業者の癖は治りませんね。相変わらずみんな下に物を置いていますから」

ここでは班ごとに分かれてコスト削減を競うとか、「安全第一」などといった標語の掲示もやっていない。工具は職人さんたちそれぞれの持ち物なので、他の人が使いやすいように綺麗に並べておく必要もなく、他人が自分の道具に手を触れることも嫌がるといった感じだ。足下に雑然と物が置いてあるが、ちゃんとそれぞれの職人さんの管理下にあるのだ。

「会社というよりも、職人が集まっているという感じです。できる人が集まって大きくなっただけなんです」

鈴木部長が「そういえば、以前、社長の奥さんがお茶を入れてくれていましたよね」

と言うと、

「いえ、彼女はれっきとしたプログラマーですよ」

鈴木部長が「社長の奥さん」と勘違いした方は、なんと図面を読んでプログラムを

「会社というよりも、職人が集まっている」という感じのエステック社の作業場。

作成する大変重要な仕事の担い手であった。

「いやあ、驚きました。マルチタスクですね！」

「工場にオンラインでつながっていて、現場の職人はそれを見て作業するんです。彼女はなくてはならない存在ですよ。風邪で休んだら大変です」

　社長は土日出勤することもあるという。従業員に残業代を払える余裕がないという理由もあるが、「難しいものが来れば、みんな社長の担当ですから」

　ということであった。

　社長は朝出社すると、そのまま作業に入り、顔を合わせるのは、お昼休みだけなのだという。

　とにかく曲げて叩いての作業をひたすらこ

なす。防衛装備の受注、いわゆる「防需」の割合が多い中小企業にとっては、注文がどれくらいの数になるのか見えないという不安の中で、職人のトップである社長は作業を続けるしかないのだ。

雑然とした、いわゆる3Kの職場であるが、「町工場の美学」を私はそこに見たような気がした。

昭和の香りそのままの木造事務所――石井製作所

次に取材した町工場は、戦車などのエンジン部品からボルト、シャフト、ピンなど細かい部品まで、熱処理、機械加工を行なうものなら何でも製作し、かなり高度な技術を要するものも含めて幅広く手がけている所で品川区内にあった。最寄り駅は「高輪台」で、駅を出るとその周辺に町工場があるとはとても思えない高級住宅街である。

朝から降り続いていた氷雨の中を歩いて行くと、何年か前に来たことのあるショットバーを見つけた。その時は車で来たので場所が記憶とまったく一致していなかったが、ここだったのか。

確か防衛の世界では知らない人のない新聞記者さんと一緒だった。あの頃はまだ、私自身、これほど防衛問題に深く関わるようになるとは思っていなかったが、数年後にこうして戦車の部品を作っている町工場を訪れるとは、人生は本当にわからない。

表通りから脇道に入り、閑静な住宅街を少し歩いたところに、突然、タイムマシーンに乗って昭和三〇年代に戻ったような木造の建物が現れた。近くに行ってはじめて「石井製作所」という看板が目に入り、そこが目的地だとわかった。

閑静な住宅街にある「石井製作所」。

「ごめんください」

大雨と機械の音でなかなか気づかないようであったが、まもなくして社長の石井義章さんが迎えてくれた。

ギシギシときしむ階段を慎重に一段一段上がり、二階へ。最近の家にはない急階段で、足を滑らせて転落でもしたら……と、内心ハラハラした。

実はその日は夕方から人前で喋ることになっていて、スーツにスカート姿で取材させていただいた。工場見学するにはいささか場違いな服装が気になってしかたなかった。着替えを持って行こうかとも思ったが、荷物をたくさん担いでいくのも迷惑な話であろうと考えた結果であった。

壁際には部品が入った箱がぎっしりと積み重なっている。その二階の部品庫で、石井社長の父である石井満監査役も一緒にインタビューに応じてくださった。

「昔はこのあたりもたくさんの工場があったんですけど、今はずいぶん少なくなっちゃいましたた」

現在の光景からはちょっと想像できない。あとからここに移り住んだ人は「なぜ、ここに町工場があるのかしら」と思っているかもしれない。私が子供の頃に遊んでいた港区古川橋あたりの工場エリアが、今や「白金」という一つのブランド化された場所となったのと似ているように思えた。

石井製作所は、昭和三五年から、当時この近くにあった三菱重工との付き合いが始まり、61式戦車の頃からのパートナーだという。

そもそもは、昭和一四年に五反田で工場を開いたのが最初で、昭和二〇年の空襲で現在の場所に移転した。戦後はバラックの中であらゆる部品の製造を手がけたという。

石井製作所の建物は昭和三〇年代からそのまま変わっていないように見受けられた。

「木造建築では維持も大変そうですね」

と言うと、

「そうですねえ、壊れませんねえ。地震が来ても」

と笑う。大雨に打たれる木造の建物には、日本の高度成長の原動力を物語るような堂々たるものさえ感じられた。

従業員は、六〇歳代が三人。皆さん一〇代からこの工場でやってきた人ばかりだ。社長は四〇代、他に三〇代一人、二〇代も一人いる。

一人は工場の上に住んでいるが、他の人たちは電車で通っていて、足立区などから時間をかけて通勤している。最も年配の方は、定年後も千葉から二時間かけて来てもらっているという。

「たまに面接に来て入る人もいますが、すぐに辞めてしまいますね。育ってきた環境が良すぎて、こういう所ではもたないんでしょう」

ひと昔前は、一〇畳ほどの部屋に五人の従業員が一緒に暮らしていたこともあり、賄（まかな）いさんが作った食事を皆で食べる、文字通り「同じ釜の飯」だったという。

そんな時代を過ごしてきた監査役としては、今の若者は共同生活ができず、会話もうまくできないなど気になることもあるが、こうした職場で働こうという志に対しては、高く評価しているようであった。

「粘り強い子もいます。そういう子は必ず伸びる。最後は勝つんです」

しかし現状では、そうした若い芽を育てることが困難なのが悩みだ。世の中では職がないと嘆く若者もいるが、実際、彼らのほんの一部でも、工員として働く気があるのかどうかわからない。そうした風潮でも、あえて大変な仕事を選んで頑張っている数少ない若者には、なんとかチャンスを与えてやりたいと切に思っているのだが、それができない。

その理由は繰り返し述べているように、作るものが減っていることが大きい。数量に余裕がないので、失敗が許されない。だから定年退職した職人さんの熟練した技術力が必要となり、わざわざ遠路通わざるを得ないのである。そして若い人はますます腕を磨く機会がなくなってしまう。監査役は、せっかくやる気があるのに、悔しいと言う。

「ここでは、何種類くらいの戦車の部品を手がけているんですか?」

と、社長に尋ねると、

「何種類?……そうですね、かなり多いです。しかし、それがむしろ、大変なんです」

ここではエンジンや車両の部品を担っているが、種類は多いものの数が少ない。つまり、機械で量産できない、いわば芸術的技術を要する部品や手間のかかる部品など三菱重工のような大きい会社では対処できない「一点もの」の部品を引き受けている。

その種類がこのところさらに増えているのは、割りに合わない仕事で取り引きをやめてしまう工場が増えているからのようだ。

「一種類の部品を百個作れれば工場は助かりますが、極端な話、今は百種類を一個ずつという状況に近く、時間ばかりかかって、非常に苦労しています」

防衛装備品のように特殊な技術が必要なものは、間隔があくとベテランの職人でも勘が鈍ってしまい、注文が来ても怖くてできないという。実際、製造中にいくつかはお釈迦を出してしまうことも珍しくない。

「一個欲しいと言われると、それは失敗が許されないということです。でも不具合はどうしても出るものです。一〇個欲しいと言われると、予備に一個作る感じでできますが、一個だと倍作ることと同じなんです」

これでは商売にならないということで、一個のところを多めに一〇個ほど作っておいて何年か在庫して納めようとすると「少し錆があるね」と言われて受けつけてもらえない。こうした苦肉の策も、結局無駄になってしまうのだ。そんな時は、正直「もうやってられない」と思うと言う。

社長は言う。「職人の技術や勘は、失敗と成功の繰り返しで身につくものなのです」

製品検査は担当者しだい

社長の石井義章さんは昭和四二年生まれ。東京理科大を卒業して家業を継いだ。「俳優さんみたいな顔立ちですから驚きますよ」という事前情報そのままの二枚目の若社長であるが、話してみると実直そのもので、直面する現状がそうさせるのか、表情は時折険しいものになった。

働く父の姿を子供の頃から間近に見ながら、出入りする職人さんたちと触れ合い、育った。家業を継ぐことはごく自然な意志だったという。

「息子はずいぶん夜遅くまで仕事をしてますよ。製品の基準が厳しいこともあって、それくらいしないとこなせない時もあるんです」

防衛省相手の仕事は審査が厳しいというのは、防衛関連企業の共通した認識である。そして、それは製品を直接納入するプライム企業の審査も同様だという。だが、その厳しさが果たして然るべきものであるかどうか、という指摘もある。

「外観に影響するわけじゃない、機能に支障もない、使用上の問題がないっていうのに、製造の過程で発生するちょっとしたキズなど、図面に描かれていないものがあると、突き返されてしまうんです」

　こうした背景には、90式戦車から10式新戦車の開発まで二〇年の年月が空いてしまったため、その間、開発に従事する機会がなかった担当者が多く、図面に忠実過ぎる判断を下してしまう傾向があるようだ。経験ができなかったので、マニュアルに従うしかないのだ。

石井さん父子。戦後戦車の部品製造を担ってきた。

　町工場の職人さんにとっては、それまで何十年もやってきて問題がなかったことなのに、プライム企業の担当者が若返ったために、従来なら合格だった部品が検査に通らなくなってしまうということで、内心忸怩（じくじ）たるものがあるようだ。

　最終的にはプライム企業も防衛省の審査を受けるので、

同じように担当者は胃の痛い思いをしていると想像できるが、それぞれの段階での判断が杓子定規に陥っていないかと判断し、太っ腹な決断をする機能があればいいのだろうが……。

だが現実は、何か問題が起きたらいけないという感覚が、図面にないものは受け入れない方が無難ということになり、それはそのまま下請け、孫請けにしわ寄せが及ぶという構図だ。

石井社長は若いながらも、先輩職人たちの仕事ぶりを肌で知っており、彼ら職人と担当者との板挟みになる場面も多そうである。

「担当者にもよりますが、問題なく使えれば十分と言う人もいれば、ちょっと擦り傷があるだけで、外観不良として不合格にする人もいます。中には素材のわずかな傷までこだわる人も……」

「昔からいる職人は自分の作っている部品がどこに使われるかわかっているから、これで問題ないと判断できるんですが、若い職人にはまだそうした知識がないので、あんまりうるさく言うと、何でもサンドペーパーかけちゃうんですよ」

そう言って、監査役の父親は苦笑する。石井社長が一人で深夜まで作業をする理由が飲み込めた。

また、原材料の価格の変動も町工場にとっては大きな悩みの種だ。製造中に原材料が高騰しても、誰も補填はしてくれない。そんな状況で「いくつ作るか」が、いつまでもわからないまま原材料を確保しなければならないのは、もうほとんど町工場へのイジメに近い。

それから、書類の提出数が非常に多いことも事務作業を増やしている。防衛省・自衛隊で情報保全が問題になったことで、さらにその傾向は強まり、自衛隊の問題が企業に波及し、それが下請けや孫請け、ひ孫請けといった数多くの企業にまで至っているのだ。

防衛省から発せられた情報管理に関する厳しいルールは、当然企業は守らなければならない。そして企業は何千社もの下請けにそのルールを徹底させ、石井製作所のような町工場もその遵守が求められる。

今回、私自身こうして防衛関連企業を取材させてもらったが、取材するにあたり相当の手続きが必要だった。ちょっとした確認作業でさえも多くの皆さんの手をわずらわせていることもよくわかった。一般に防衛産業への取材は、かなりハードルが高いと言えるだろう。町工場レベルであっても情報管理は徹底しているというのが私の印象だった。

必要なのは「鉄と戦う」気概

なぜ、そんな苦労をしてまで防衛装備品を作るのか？　取材を通じてわかったのは、国防を担っているという使命感と、彼らの「物作り」に対する熱い思いである。監査役の言葉をお借りすれば「鉄と戦う」気概なのだろう。

その気概こそがこれまで日本の技術力を支え、また日本の発展の原動力となったと言えるのではないだろうか。その自負が、商売だけではない「国のために」という意識になっているのだ。

監査役にはその点で心配もある。

「鉄を削るのは大変な作業です。油で真っ黒になってやるんです。鉄と戦うのは、そういうかつての日本が苦労した時代の人たちだからこそできるのかもしれません」

また、鉄を削る技術がなくなってしまうのではないかと懸念しているという。理工学部を出ても銀行などに就職してしまう人が多い。日本の物作りはどうなるのかと、三〇年ほど前から考えていたという。

また、よく「技術力」といわれるが、これは個々の技術者の腕もさることながら、「チームワーク」によるところが大きいと、監査役は言う。

「うちでは、機械を使う場合も、近くにいる職人が隣の人の代わりにNC旋盤をまわすようなことがあります。あうんの呼吸ですね。いちいち言わなくてもできるんです。飲んでケンカすることはあっても、チームワークは変わりませんね。仲間ですから」

「個人の成果」が評価を左右する米国などでは、「みんなの成果」という感覚はなかなかないと言われているようだ。しかし、いずれにせよ、数を作らないことには、チームワークの醸成も個人の技術の発展も望めない。一年に一度、ポツリと一つ入る注文では、結局、定年退職したベテランの職人さんに頼るしかない。

ちなみに若い職人が二日かかるのに対して、熟練工なら二時間ほどでなんとかしてしまうこともあるというから、やはり経験の差は大きい。

「毎月、作業すれば若い子だってできるようになるんですが……。やっぱり人なんです。機械じゃない。いくらいい機械があってもだめなんです」

個人の技能向上とチームワークをどう育てていくか、石井社長の悩みは尽きない。せめて年に一度、毎年夏に開かれる陸上自衛隊の富士総合火力演習に従業員みんなを連れて行ければと言う。

「毎年ハガキ五〇枚くらい応募するんですが、ダメですねえ。一枚だけ当たっても言い出しにくいですよ。自分たちが納めた部品は、中に入ってしまうのでわからないんですが、やはり、完成品を見るのと見ないのでは違います。実際に戦車を見れば自分の仕事がすごいことだとわかるはずです。見せてあげたいんです。せっかく作っているんですから」

富士総合火力演習は現役自衛官でさえ、応募して当たればラッキーというくらい入手困難なチケットなのは承知しているが、なんとかならないのだろうか。職人さんたちがみんなで見学できれば、「苦労して仕事をした甲斐があった」と気持ちも新たになると思うのだが……。

「どうしても投げ出せない」

自分たちの技術で国に貢献できる。その思いで日々油まみれで鉄と格闘している町工場にも、世間の「競争原理」が及んでいる。

見積もりを取って、ただ安いという理由だけで発注が他社に流れたり、あるいは輸入品が割安ならば、それまでの積み重ねなど関係なく、あっさり生産打ち切りになってしまう。そうした事例は現実に起きているという。

ベテランの職人の技は何十年もかけて培ったものである。その技術を安易にお金で比較することは、職人さんの人生そのものを金額に換算するようなものではないか。

また、ただ安いから仕事を発注するという発想は、国防という長期的な観点からは危ういものを感じてしまう。

別れ際に石井社長が言った。

「いろいろ苦労はありますが、どうしても投げ出すことはできません」

石井製作所も、今後は価格競争の中で防衛の仕事を続けられるかどうかわからない。それが、いま日本の進もうとしている現実の道だ。

私はもう一度、扉の隙間から狭い工場を見た。この空間では、真夏はどんなにか暑いだろう。この木造の壁や床に職人さんたちの汗が染み込んでいるのだ。それを知っているからこそ、石井社長は戦車作りの一端を担うことを「決して諦めない」と言ったのだ。

「今日まで頑張ってくれた人たちのためにも……」大雨に打たれながらそう言って堪えているような木造の工場を私は後にした。

コラム　自衛隊の装備品開発の流れ

自衛隊の装備品は、どのような手順を経て開発されるのでしょうか？

その根拠となるのは「防衛計画の大綱」（大綱）と「中期防衛力整備計画」（中期防）です。

「大綱」は、今後一〇年間の日本の安全保障の基本方針、防衛力の意義や役割、自衛隊の具体的な役割、主要装備の整備目標の水準などを示すものです。

たとえば、平成一六年一二月に決定された「16大綱」では、日本の防衛力を冷戦後の多様な事態への「対処能力」をより重視したものに転換することを目指すとし、こうした青写真にもとづき陸海空自衛隊の装備調達が行なわれます。

とはいえ、一〇年ごとの「大綱」では、国内外の情勢も変化するなどスパンが長いため、五年間の中期的見通しに立って防衛力の整備計画を定めたのが「中期防」ということになります。

各指針の「別表」というところに、どんな装備がどこにどれくらい必要とされているか、いわゆる「買物計画」を見ることができます。これは、防衛省のホームページをはじめ、「防衛白書」などで誰でも見ることができます。

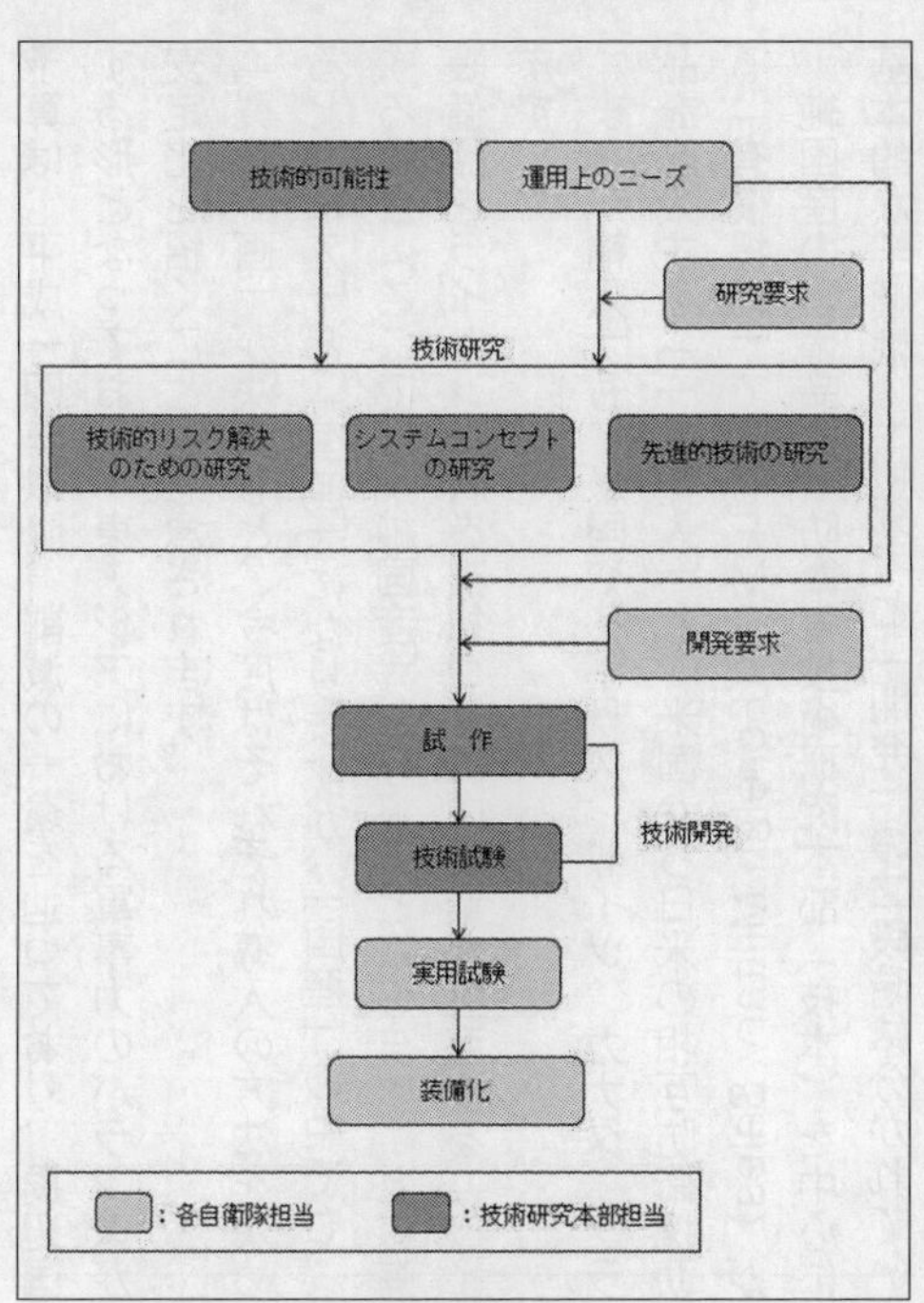

装備品開発の流れ

その「買物計画」に基づいて、年度ごとに予算を組むことになりますが、ここ数年は「大綱」「中期防」で決定した水準を下回る予算が計上されているのが現状で、長期的視野に立った防衛力の造成が破綻しつつある状況となっています。

またわが国の防衛

予算は、平成一四年以降、削減の一途を辿っており、周辺国の軍事力の増強と反比例する形となっており、東アジアにおける軍事力のバランスが崩れ、安全保障環境の不安定化を招くことが懸念されます。

「買物計画」が決まると、今度はそれぞれ導入の方法を決めていきます。大きく分けると「輸入」と「国産」になりますが、「国産」の中でも、自国で研究開発して生産する場合（ここでは「純国産」と呼ぶことにします）と、海外の企業が研究開発した装備品をライセンス料を支払って国内企業が生産する「ライセンス国産」に分けられます。

また「輸入」も、米国やイギリス、ドイツ、カナダ、フランスといった国から装備品を購入する「一般輸入」と、米国から日米の相互防衛援助協定にもとづいて購入する「有償援助」であるFMS（Foreign Military Sales）があります。

純国産の装備品は、防衛省技術研究本部（技本）を中心に研究開発が行なわれます。基本的な手順は、「研究」と「開発」の二段階に分かれています。研究については、技本側が「こうした可能性を持った研究があります」と提案するケースと、各自衛隊が技本に「こういう性能を持った装備品の開発を進めて欲しい」と要求するケースで、この「可能性」と「必要性」が新たな国産装備品を生み出すためのスタートとなります。

次のステップでは、その研究の成果を踏まえ、各自衛隊から技本に開発要求がなされます。

そして開発要求を受けた技本が防衛関連企業に試作品の製作を依頼し、できたものを技術試験にかけ、さらに各自衛隊で実用試験を繰り返します。

その実用試験を行なう部隊では、想定されるさまざまな条件下、たとえば高温や低温の気象条件下で試験を実施します。陸上の装備品ならばあえて長時間泥水に浸けたりしてテストを繰り返すと言います。悪条件での実用試験ということは、行なう人も厳しい環境での実験となり、実際に開発した企業関係者などとともに辛苦を分かち合う場となっています。

試験に合格すると生産段階へ移ります。ここで、国内の防衛関連企業の力が発揮されることになります。

装備品を輸入にするか国産にするかは、それぞれ条件が違い一概には言えませんが、少なくとも国産装備品には次のメリットが考えられます。

（1）外交交渉力および戦争抑止力を自前で確保でき、独立国家としての自立性の維持につながる。

（2）四面環海で山岳地帯が多い日本列島の独特な地理的特性にあった装備を開発し保持できる。
（3）故障の修理や整備など迅速に対応でき、高い可動率を維持することができる。
（4）輸入やライセンス国産する際に価格交渉を有利に運ぶバーゲニングパワーとなりうる。
（5）先端技術である防衛技術の他産業への波及効果（スピンオフ）が期待できる。
（6）内需拡大につながり、税金の国外流出を防ぎ日本経済の発展に貢献できる。

第５章　武器輸出三原則の見直し

欧米との共同開発ができない

日本の防衛産業のさまざまな問題を考えるうえで、まず「武器輸出三原則」とは何かを知る必要がある。

「武器輸出三原則」とは、昭和四二年（一九六七）に佐藤栄作首相が国会答弁で、（１）共産圏、（２）国連決議で武器輸出が禁じられている国、（３）国際紛争の当事国あるいはその恐れのある国、に対する武器輸出は承認しないと表明したものを指す。

さらに昭和五一年、三木武夫首相が、これらの地域以外にも「武器の輸出を慎む」として対象地域を拡大し、さらに武器製造技術も輸出禁止となった。

これが「武器輸出三原則」として、長年、日本の防衛産業を縛ってきた（※二〇一四年に見直され「防衛装備移転三原則」に代わった）。

まず他国への製品輸出ができないということは、日本の場合、市場つまり「お客様」は防衛省だけなので、生産する数量が限られ、量産効果が期待できないため、どうしても調達価格は高額になってしまう。

だから輸出を緩和すべきだとする意見もあるが、これについて複数の大手防衛関連企業に尋ねてみると、意外なことに輸出には、あまり積極的になれないという声が多い。

その主な理由は「輸出すれば、外国からの輸入も増えて、海外製品との競争に勝ち抜くのが難しい」「紛争国やテロリストに転売され、殺傷兵器として使用されてしまう恐れがある」「武器輸出＝死の商人といったイメージがあり、一般的な理解を得るのは難しい」などである。

中でも「海外製品との競争に勝てない」という理由は注目に値する。というのは「日本の技術」と言えば世界に冠たるもので、自動車産業を例にあげるまでもなく、技術力さえあればグローバルな競争に勝てるのだと、長く信じられてきた。だが日本の防衛装備品に限って言えば、世界の競争に勝つのは大変厳しいというのが大方の見方だ。

なぜ日本の防衛技術は世界の競争に勝てないのか？

第一に、すでに繰り広げられている価格競争にもともと単価の高い日本製品が参入することの難しさがある。第二に、「スパイラル開発（プロトタイプを実際に使用して問題点を洗い出し、より良いものに仕上げていく方法）」に見られるように、常に必要に応じて進化を遂げている諸外国の兵器と比べ、日本の場合、実戦での検証ができない。74戦車が六回、90式戦車も一回のメジャーチェンジを行ない、他の装備品も企業提案や部隊の要望などにより、数々のマイナーチェンジは施されているものの、それが世界の軍隊のニーズに合致するとは限らない。

また、そもそも日本の防衛産業は、規模として約一・九兆円、工業生産額に占める比率は〇・七％で自動車の二〇分の一に過ぎず、産業としての規模が小さい。各企業においても、防衛事業の占める比率が一〇％ほどと小さいのに対して、海外の軍需産業は事業規模自体が大きく、たとえばロッキード・マーチン社の売上げは三菱重工の総売上げを超えている。

この状況下で世界競争に進出するということは、いわゆる零細企業が大企業に真正面から戦いを挑むに等しいのである。現時点で日本の企業は、生産数量や部品の補給・修理・改修などといった、各国軍隊のニーズに対応できる態勢にないと言わざるを得ないだろう。

以上の理由から日本の多くの防衛関連企業は、「武器輸出三原則」における「輸出の緩和」に関しては、一部の特殊な部品を除いては慎重姿勢をとっている。しかし、それより問題なのは欧米との共同開発ができなかったことだ。

設計図や仕様書も「武器技術」と見なされるので「輸出」できず、ゆえに共同開発ができない。さらに海外技術者との交流やシンポジウム、学会での武器技術に関する研究発表も制限されることを意味していて、コストダウン目的で機能的に優れた部品を海外企業に発注しようとしても、その装備品全体の仕様書などの開示ができなかった。

「武器輸出三原則」が生まれた背景

昭和四二年は、そもそも第三次防衛力整備計画（三次防）の最初の年で、「装備の適切な国産を行うこと」を主眼に、自衛隊用装備の国産化を進めるうえで、輸出による量産効果を期待したコストダウンの道についても議論され始めていた。

そうした中、東京大学で開発されたペンシルロケットが、インドネシアやユーゴスラビアに輸出されたことについて、「武器に転用される性格のあるものは輸出すべきではない」「日本で製造開発された武器の外国への輸出は、わが国の憲法の精神からしてやめるべきだ」といった趣旨の質問が同年四月二一日の衆議院決算委員会においてなされ、これに対する佐藤首相の答弁の中で示されたものが「武器輸出三原則」である。

しかし、当時の佐藤首相の見解は「武器輸出を全面的に禁止する」というものではなく、あくまでも輸出を禁止する対象国を三原則で定めたのである。

さらに佐藤首相は、輸出されたペンシルロケットがユーゴスラビアで武器開発に使われたからといって、それを止める方法はないとして、民生品として輸出されたものの武器転用については当事国の問題であると述べた。これは実際に多くの民生品が軍用に転用することが可能であるという実態を踏まえ、明確な線引きは困難との判断を示したものだ。

国内での武器製造は敗戦とともに禁止されたが、昭和二五年（一九五〇）の朝鮮戦争勃発を機に米軍からの要請で再開。日本の防衛産業は、この朝鮮戦争時における武器輸出によって成長したのだ。そしてそれは戦後荒廃した日本経済の復興を助けたのである。昭和二七年から昭和三二年にかけて、主に砲弾、ロケット弾、小銃弾、拳銃弾、火薬などを米軍に供給した。

その後、米国以外にビルマ、南ベトナム、インドネシア、タイといった東南アジア諸国に、主に銃弾と拳銃を輸出している。それらの実績から現憲法下でも、武器輸出は違憲ではないことが示されている。

しかし、次第に時の政府が武器輸出を認める範囲を縮小していく。昭和四九年の韓国への武器輸出をめぐる国会答弁で、韓国は三原則の対象地域ではないが、外国為替法上の「外国貿易及び国民経済の健全な発展」を図る見地から武器輸出は認めないとして、「武器輸出三原則」の対象地域以外にも広げるようになっていった。

三木内閣でさらに後退

昭和四八年、石油ショックが起きる。不況と防衛予算の伸び悩みにより、産業界には武器輸出緩和の気運が高まっていた。

そうした中、昭和五〇年一二月、日本航空宇宙工業会は、US-1救難飛行艇、C-1輸送機、各種ヘリの輸出促進を政府に要請し、これらが「武器」に該当するか否か、法令上どんな定義を用いるかについて、国会で議論となり、「武器の定義」と「武器輸出に関する政府統一見解」が示されることになった。

昭和五一年二月二七日、三木首相が衆議院予算委員会で示した「政府の方針」は以下の通りである。

「武器の輸出については、平和国家としてのわが国の立場から、それによって国際紛争等を助長することを回避するため、政府としては従来から慎重に対処しており、今後とも、次の方針により処理するものとし、その輸出を促進することはしない」

ア、三原則対象地域については「武器」の輸出を認めない

イ、三原則対象地域以外の地域については、憲法及び外国為替及び外国貿易管理法の精神にのっとり、「武器」の輸出を慎むものとする。

ウ、武器製造関連設備の輸出については「武器」に準じて取り扱うものとする。

この三木内閣が示した政府見解で問題視されるのは、「三原則対象地域以外でも武器の輸出を慎む」としていて、「禁止」とは言わないまでも、実質的にはそれに近い消極的な表現が付加されたことである。

この「慎む」をめぐって、当時の河本敏夫通産大臣は、

「『慎む』という言葉は、慎重にするという意味でございます」

と述べ、三木首相は、

「『慎むものとする』ということで、政府の消極的な態度を表現してあるわけでございます」と答弁した。

ところが、昭和五六年二月一四日の衆議院予算員会で田中六助通産大臣によって、禁止の範囲が三原則対象地域以外の全地域に広がった。

その時の田中通産大臣の答弁は、

「『慎む』ということは、やはり原則として駄目だということ。それから発展させていく過程で問題を処理するというようなことではないかというふうに思います」

というもので、これ以後、現実的に禁止されるに至っている。

こうした一連の流れを見ていくと、佐藤首相の本来の「武器輸出三原則」の見解から大きく乖離していることがわかる。

堀田ハガネ事件

昭和五六年三月、鋼材輸出商社である堀田ハガネが、輸出貿易管理令に違反して、韓国の大韓重機工業に砲身などを輸出していたとする事件が発覚した。

これを受けて国会は、昭和五一年の三木内閣の政府統一方針に反した事件が起きたことを遺憾として、武器輸出三原則に関わる国会決議が、昭和五六年三月二〇日の衆院本会議および三一日の参議院本会議で行なわれた。

「わが国は、日本国憲法の理念である平和国家としての立場を踏まえ、武器輸出三原則ならびに昭和五一年政府統一方針に基づいて、武器輸出について慎重に対処してきたところである。

しかるに、近時右方針に反した事例を生じたことは遺憾である。よって政府は、武器輸出について、厳正かつ慎重な態度をもって対処するとともに、制度上の改善を含め実効ある措置を講ずべきである。右決議する」

当時の国会は、自民党対社会党のいわゆる「五五年体制」であり、予算審議を円滑にするため国会対策上の「取引」として、このような決議がなされたという見方もあるようだ。

平和維持と武器輸出

これまで「武器輸出三原則」の立場から、自衛隊の古くなった装備品の供与を、わが国と友好関係にある発展途上国などから平和的利用目的のために求められても、原則としてこれに応じることはできなかった。だが、平成一九年、日本の巡視艇三隻

（墨田川造船建造）が「武器輸出三原則」の適用外として、インドネシアの海上警察にＯＤＡ（政府の途上国援助）として引き渡された。

これはマラッカ海峡の海賊・テロ対策や兵器拡散防止のための要請に応えたもの。防弾ガラスで装甲が強化されていることから「武器輸出」にあたると、禁輸対象となっていたが、インドネシア側がテロや海賊の取り締まりに限定使用することと、事前の同意なしに第三者に移転しないことを条件に、日本政府が無償供与を閣議決定した。機関銃などの装備は取り除かれているが、これがＯＤＡによる初の武器供与となった。

マラッカ海峡はわが国のシーレーンの要衝であり、同海峡の安全はそのまま日本の安定につながるだけに、こうした試みは意義深いものと言えよう。

「武器輸出三原則」をめぐる問題は他にもある。自衛隊がＰＫＯなどで海外に派遣される場合、「防弾チョッキ」や「防護マスク」といった安全確保を目的としたものであっても、海外に持ち出すことが「武器輸出」に該当するとして、あらかじめ経済産業大臣に申請し、許可を得なくてはならないのだ。

その後、一年ごとに包括許可を受けるようになった。しかし、持ち帰りを条件としていることから、たとえ現地で損耗し修理不能な状態になっても、現地で処分することができないのは悩ましい点である。

武器の「定義」もあいまいで、しかもその判断が経済産業省に任せられていることも、「武器輸出三原則」の抱える大きな問題の一つと言える。

最近の科学技術、とくにＩＴ技術の発展に伴い、武器の近代化・システム化が急速に進み、併せて軍事技術に民生技術が転用されるケースも増えている。従来の考え方では通用しない事象も多く、武器と非武器の境界線もはっきりしないのが現実である。

たとえばゲーム機の「プレイステーション２」などは、その画像処理技術が軍用に転用可能だということから、海外に持ち出せば「武器輸出」になってしまうという指摘もあり、まさに意図せざる「武器輸出」と言えるだろう。

また、アフガニスタンに地雷探知や除去の機材を持ち込もうとした際に「武器」とみなされた事例も報告されている。前述したように、自衛官が着用する「防弾チョッキ」や「防護マスク」はいまだに禁輸対象で、自衛隊の国際活動が本来任務化した現在においても過剰な規制を続けていることは、自衛隊の海外における平和維持活動の足を引っ張ることにもなりかねないのだ。

一方で、秋葉原で販売されている日本製の電子部品が、北朝鮮の工作船に搭載されていたという情報もあり、厳しい規制の一方で「抜け穴」もある。民間企業が、たとえ不作為であれ、武器転用可能な製品を海外に輸出した場合は処罰の対象となるが、「外為法違反」という軽微な罪が科せられるに過ぎないのが現状だ。

このように「武器輸出三原則」が機能不全を起こし、わが国の安全保障や技術力、兵器購入のコスト面で、多大な支障を及ぼしているにもかかわらず、ここまで踏襲されたのはなぜか?

それは、政治家が武器輸出や、ひいては安全保障の論議をまともにすることなく、「なぜこのような原則があるのか? なぜ必要なのか?」をまったく検証せずに、下手にいじって騒がれたくないという思いと、官僚の前例主義が原因であろう。こうした政官の「事なかれ体質」が国家の損失を益々拡大させてしまったのだ。

第6章　日本を守る「盾」作り

ゴム製造は国策の重大テーマ――明治ゴム化成

明治ゴム化成の創業は明治三三年（一九〇〇）にさかのぼる。合資会社明治護謨製造所という社名で、工業用ゴム製品の国産を開始した先駆的企業である。

それまで日本ではゴムはもっぱら輸入するもので、明治三〇年代に登場したゴム鞠などを作る工場は存在したというが、外国人技術者の指導下、輸入設備を整え本格的な工業用ゴム製品の製造に着手したのは同社が最初であった。それからまもなく、鉄道用品やゴムマットの生産が始まり発展を遂げていく。

明治三六年には、自転車用タイヤを手がけ、兵庫県で行なわれた陸軍特別大演習に提供している。日露戦争が始まると日本海軍からさまざまな注文を受けるようになり、海軍との関係が深まっていった。航空機のタイヤ、魚雷、軍艦のエンジンをサポートする防振（ぼうしん）ゴムを製造しており、現在も海上自衛隊の艦艇の防振ゴムを製造している。

私は「ゴムの製造工場」というのは、どういうものなのか、まったく無知であった。輸入された天然ゴムを加工するだけなのかと正直思っていたが、そんな単純なものではなく、とくに防衛装備品などに関しては、いろいろなゴムと薬剤を混ぜてでき上がる「配合ゴム」が、各分野で活躍しているということがわかった。

まず「ゴム」と言ってもいろいろあり、「ゴム」には、ゴムの木の樹液を集めて精製した天然ゴムと、石油から作り出した石油化学製品の合成ゴムがある。

近代史における「ゴム」の存在は大きい。天然ゴムは、その用途が拡大するに及んで、南方に産出領土を持たない国々の国策上、次第に重要なテーマとなっていったのである。

一方、天然ゴムの特性と同じものを化学の手を借りて合成しようという試みは、化学者の長年の夢だったといい、合成ゴムの誕生についても、多くの化学者が苦労の汗を染み込ませた。

第一次大戦でドイツは、戦争の拡大とともにゴム資源の枯渇に苦しみ、遠く南米にまで進出してその確保につとめる一方、国内の化学者を動員して合成ゴムの研究に躍起になったが、大きな成果は上がらなかった。

昭和初期の世界的不況が終わり、昭和一二、三年になると合成ゴムは世界の化学者の目を引くようになった。日本で最初に入手できた合成ゴムのはしりは、米国チオコール社の多硫化ゴム系高耐油性合成ゴム「チオコール」というもので、類似品は明治ゴム化成の実験室でも簡単に合成されたというが、性能はなかなか追いつかなかったという。

ちなみに、こうしたゴム合成過程の強烈な臭気は作業場からはるか遠く離れた建物にまで及んで、研究員を悩ませたらしい。明治ゴム化成においても日夜、ゴムの臭いと格闘しながら研究開発が行なわれていたのである。

そんな中、ドイツで「ブナN」と「ブナS」という二つのタイプの合成ゴムが開発され、これはヒトラーをして、「第二次大戦を決意させる原動力となった」と言わしめるほどの意義を持っていたという。

わが国では昭和一六年一二月の開戦以降、外国産合成ゴムの入手は非常に困難な情勢となり、ドイツからの情報を頼りに国産合成ゴムの開発と製品化が急がれたのだが、終戦までに合成ゴム製造の技術は完全なものとはならなかった。

からくも軌道に乗りかけた合成ゴム工場の設備は、終戦後の占領政策で撤去され、これにより日本の合成ゴム事業は完全に中断された。以後、日本は長い間、合成ゴムの原料を輸入せざるを得ない状況に追い込まれてしまった。ゴム製造の技術が、いかに国家において大きな役割を果たしているかがわかる。

社の宝物はゴムの「レシピ」

合成ゴムに使用目的に応じて薬品などを配合添加したものを配合ゴムという。配合比率は各メーカーによって異なり、開発・技術者の経験と技術の結晶といえる。その割合は、何年も何年もかけて編み出され、作っては試し、試してはまた混ぜるという繰り返しだという。

明治ゴム化成では、このようなさまざまな薬品を加えた配合ゴムの設計、「配合設計」と呼んでいるが、それと他の金属や樹脂などの材料と接着させる接着力が高く買われている。

「そのレシピは宝物なんです」

同社の塚野宏社長は言う。「レシピ」というのは、「明治ゴム化成の配合ゴム」の中身のことだ。明治ゴム化成の真似は絶対にできないと社長は胸を張る。

中でも戦闘車両用となると、何もかもが特殊だ。どんなところでも耐久性を担保して性能を出さなければならない。材料を練りに練って、頭も練りに練っているという。「良いものを作ろう」という熱い思いが練り込まれているのだ。

普通、ゴムのタイヤなら岩石地を走ると摩擦熱などでパンクすることも大いに考えられる。それだけでなく、雪の中も泥の中も走る。熱に耐えたり、冷えに耐えたり、その「八方美人」なゴムを開発するのはとても難しい。

いろいろなものを練りこんでいるのは秘中の秘で、社内でもその「レシピ」を知る人はごく一部だ。

「カレーを作るのと同じですよ」

と塚野社長は言う。

確かに食品の開発と似ている。私はたまたまこの取材と同じ頃、ラジオ番組の企画で、大手飲料メーカーの缶コーヒーやビールの開発者の取材をしていて、同じようにコーヒー・砂糖・乳成分の無限大の組み合わせを試したという経験談を聞いていた。

ある企業の缶コーヒー開発者は、二年に及ぶ開発期間において、毎日一日一〇本すべて試飲し続けたので体力的にキツかったと話してくれた。そんなに飲んだらさぞかし太るのではないかと思うが、痩せ型の方で意外だった。よくよく話すと「毎日食欲がなかった」と漏らしていたので納得できた。

開発はどんな分野のいずれの商品にも苦労がつきものだが、通常やり直しがきくことが多いし、結果的に失敗だったとしても、また新しい商品を生み出してリカバーすればいい。

しかし、防衛装備品のように失敗が許されない状況ではプレッシャーはさらに大きい。

「儲けなくていい。だが開発できない会社はだめだ」

明治ゴム化成では新戦車に使われるゴムも開発したが、この配合には少なくとも五〜六年かかっている。ありとあらゆる可能性を模索し、たとえば突起物を踏んだらどうなるかとか、泥の中ではどうかとか、考え得るすべてのケースをひたすら試し続けるのだ。それはキャタピラの一部に付くほんの小さなゴムではあるが、費やされる労力はあまりにも大きい。

ある戦車製造の技術者は言う。

「『頑張ったね』は、最後にものが教えてくれることです。評価はそれだけ。おべんちゃらは通用しません。ものはウソをつきませんから。人間はたまにウソをつきますけどね」

明治ゴム化成のゴムのレシピは「秘伝」。戦車のすべての衝撃を支えている。

毎日毎日、ゴムの臭いを嗅ぎながらの開発作業は、体力・気力を消耗するに違いない。会社としても、苦労の割には缶コーヒーやビールのように多くの消費者が買ってくれるわけじゃなし、戦車部品の受注は今やピーク時の六〇%減、莫大な資金と時間がかかる研究費用の確保も難しいとのことで、割に合わないのではないだろうか。

「ボランティアですねとか、こんな儲からない商売をやっているなんて、と物珍しがられることがありますよ」

塚野社長は、そう笑いながら言うと、すぐに真顔になって、

「先代の会長が交代のときに私に言ったんです。『会社は儲けなくていい。だけど、開発をするということは大事なこと。開発ができ

ない会社はだめだ』と」

一〇〇年あまりの長い歴史を、常に研究開発の手を緩めることなく、「売ること」よりもゴムそして知恵を「練ること」を第一でやってきた。その先人たちの思いを継承し、確実に生きていくんだということを、社長は常に感じているという。

こうした開発のノウハウが、民間技術にも活かされる。戦車開発によって産み出された新しいゴムの配合が、新幹線の枕木の間にあるパットに使われているのだ。

明治ゴム化成は昭和二〇年三月の東京大空襲で、身をもって工場を守ろうとした専務以下三〇名が死亡した。工場は明らかに狙われていたのだ。持ち場についたまま散華（さんげ）した工員たちのことを、平成の今になっても決して忘れることはない。

「よく平和とは何か、と考えますが、平和は自らが作るものではないかと思います。日本国としての防衛、国防というものは自らが実現していかねばなりません。教育も同じだと思います」

平和とは何かを、誰も教えてはくれない。教えることなどはできないのだ。自らが自らの手で実現すること。努力して手に入れるもの。そんな当たり前のことを今の日本人は忘れがちだ。

それが証拠に、防衛予算という「自らの努力」の部分を日本は年々削減している。それはすなわち、国家として平和であり続けることに懸命に取り組まないという姿勢の現れではないだろうか。かろうじて日本の防衛装備は、明治ゴム化成のような企業の無私の貢献によって救われているにすぎないのだと、私は塚野社長の言葉を聞きながら思った。

同社の国への貢献は防衛面だけではない。社長からこんな話を聞いた。

「うちはゴム屋です。華々しい完成品や財産はありませんが、たった一つだけ、銀行の貸金庫に預けているものがあるんですよ。それは何だかわかりますか？」

それは紛れもない、あの配合ゴムの設計を記した「レシピ」であった。

過去の人たちが、ゴムと向き合ってきたその苦労の記録は、日記でも年表でも写真でもない。配合の記録つまり「レシピ」にすべてが反映されている。それは歴史を語るうえでも、また国防としても、何より大事なもの。万が一のリスクのために分散して保管しているのだ。

日銀のマットが語るもの

「最近、ちょっと驚いたことがありました。日本銀行からご連絡をいただいたのです」

日本銀行から直々に話とは何事かと聞いてみると、思いがけないことであった。日本銀行が一階のフロアーと階段の部分を改修することになり、床に敷いているゴムのマットをよくよく見たら、色は褪せているが、これだけ長い期間使って、ほとんど隙間が空いてないし、磨耗も少ない。これを製造した会社を探してもらいたいと建設会社に調べてもらったところ、明治ゴム化成だとわかったのだという。

聞けば、九〇年以上も前のマットである。戦前戦後と無数の人々の足の裏で踏まれ続けて、それでもなお丈夫であるというのだから恐れ入る。「ニッポンの物作りここに在り」である。

明治ゴム化成はその連絡を受けてどうしたのかというと、

「当社はゴムマットはもう製造していないんです。貸金庫をあたってみますと、配合ゴムのレシピが見つかりました。そこで、新たにゴムのマットを製造する会社にレシピをお貸ししますと申し上げました。お金をいただくなんてことは致しませんので、ご遠慮なくと」

塚野社長のその言葉には、長い歴史を「商売」だけではない、体中にゴムの臭いを染み込ませながら「開発すること」に心血を注いできた先人への畏敬の念、そして歴史とともに歩んだゴム製品への深い愛情が込められている気がした。

最近、自動車業界では不具合の問題が次々に発生しているが、その背景には開発段階の効率化やそこに関わる人材を精鋭化する戦略があったと聞く。しかし一方でそれは開発期間の短縮化であり、開発・技術者の非正規労働者化でもあった。

ある技術者が、こんなことを語ってくれた。

「開発に関わる時間が短いと、製品に対する愛着もそれなりになるんです」

「万物に神宿る」というが、モノの価値というのは、それに関わる人たちが一緒に過ごす時間分の「思い」の蓄積なのかもしれないと思った。

「この製品は良いものです。信じてください」といくら口で言っても人は信じないが、誠心誠意尽くした仕事ならば人の心を動かすのだ。

「最後はモノが教えてくれるんです」

三菱重工の鈴木部長が口癖のように言う言葉を思い出した。よく「日本人は手先が器用だから日本の技術は優れている」と言われるが、器用さに限っていえば、外国人でも訓練次第で技能は上がるという。

真の日本技術の強さは、個人の名誉よりも会社やモノに対する気持ちが強いこと、その「誠実さ」にあるのではないだろうか。それこそが「ニッポン人の力」だと高く評価されてきたのだ。

一枚のゴムマットが教えてくれた先人たちの功績であった。私たちは、過去の日本人が持っていた「誠実さ」を継承しているだろうか？　踏まれても蹴飛ばされても耐えて丈夫なものを作り、一〇〇年後に素敵な物語を残せるだろうか？　コスト意識にとらわれてはいないだろうか？

私は技術者ではないので、自問自答するのは可笑しいが、ただ言えることは、現在只今の経済の良し悪しだけが時代の評価となっている風潮、良いものの大事なものを見極め、財産として残すことのできない軽薄な国家に成り下がりそうな傾向を、なんとか軌道修正したいということだ。

「日本の一大事、なんとかしましょう」——三菱長崎機工

平成一五年（二〇〇三）、陸上自衛隊のイラク派遣が始まった。

赴くほうも忙しいが、後方での業務、つまり「送り出す側」はさらにやることが多かった。当然、自衛隊では何日も家に帰らず寝ずの作業にあたった。こうした「イラク派遣の側面」はテレビに映るわけもなく、多くの国民にはほとんど知られていない。

そして、後方業務に携わった自衛官たち以上に知られていないのが、イラク派遣で

三菱長崎機工。ここで戦車や装甲車の防弾鋼板を製造。

大きな「任務」を果たした防衛関連企業の活躍である。

　長崎にある戦車や装甲車の防弾鋼板を製造する三菱長崎機工がその一つだ。帝国陸海軍の頃から防弾鋼板を専門としている企業である。イラク派遣が決まり、高機動車やトラックなどの改修用防弾鋼板の製造をなんと三カ月足らずで達成したという。

　なぜ、そんなことができたのか？　同社担当者は言う。

「やはり、これまで連綿と引き継いできたノウハウがあったからこそだと思います」

　そうは言っても防弾鋼板の製造をたった三カ月でやり遂げるのはただごとではない。

　防弾鋼板はまず鉄を溶かすところから始まって、造塊→鍛造→圧延→熱処理→切断→機械加工という工程を踏む。

「間に合いませんとは言えません。何が何でもやらなくては」

この防弾鋼板製造の全工程をかつては同社だけで担っていたが、今は兄弟会社の日本鋳鍛鋼が初期工程を請け負っている。とりわけその時の注文では日本鋳鍛鋼の協力なしでは達成し得なかった。しかし、

「日本の一大事だからなんとかしましょう」

そう言って、骨惜しみなく力を貸してくれたという。

平成一六年は誰もが正月返上だった。製造本部の担当者はこう漏らす。

「毎日、何度も携帯に電話がかかってきて、必要量が追加されたり、納期を三日繰り上げてくれとか、気が休まりませんでした」

作業員の前にやるべき材料を積み上げ、それを仕上げないと帰れないという課題を作った。

「目標に向かって、みんなものすごく頑張るんです。気持ちが折れそうになると、イラクに行く飛行機が何日に離陸するから、それまでに載せないといけないんだぞと言って、毎日、遅くまで作業をしました」

これが日本の緊急対応能力である。しかし、いくらやる気があっても、これを可能

ないが成し得なかった。技術者がいて製造ラインがあるからこそで、そうでなければとてもじゃないが成し得なかった。

宿命ともいうべき職務に踏みとどまる

戦車・装甲車両の防弾鋼板の生産は、三菱長崎機工において、今はピーク時の七五％減。巨額を投じて建設した年間に数十両分の戦車が作れる専用工場では、現在、年間八両しか作っていない。それに防衛機密上、民需の生産には使用できない。生産量の減少で設備の二〇％しか使っていない状況で、人員カット、原材料の価格高騰と、負のスパイラルに陥っている。ドライな経営者だったら真っ先に切り離す部門だろう。

実際、経営判断を迫られた場面もあったという。しかし、もしまたイラクのような事態が起きたら？　有事があったら？　我々が撤退したらどうなってしまうのか？そう考えると、長い歴史の中で先輩たちが培ってきた防弾鋼板作り、この「宿命」とも言うべき職務から手を引くことはできなかった。

国防の一翼を担う者の責任として、「もう少し耐えよう」との決意を新たにしたという。

専用岸壁からの出荷。国防の一翼を担う者の責任がここにある。

まさにそれは、原爆投下により工場が全滅し、多くの工員を瞬時に喪失した絶望の淵から這い上がった「長崎機工魂」とも言えそうな、鉄よりも強い意志に他ならなかった。

こうした芯の強い人の集団であっても、絶対的に発注量の少ない防衛部門を維持するのはしんどい。しかも防衛部門は開発に費用や時間がかかり、製品審査も非常に厳しいのだ。

同社では10式戦車の防弾鋼板も担当しているが、これはひときわ苦労したという。

「なにしろ軽くせよ、強くせよ、安くせよ、というのが要望でしたから、それはもう頭を悩ませました」

防弾鋼板の開発には少なくとも一〇年以上かかる。何度も繰り返される試験、最終的には実弾を射撃して性能を確かめる。敵がどんな砲弾を使うのか、その弾は硬いのか、やわらかいのか、さまざまな実験を繰り返し、その後、初めて試験板ができ、量産に移るが、すべての工程でゆうに一五年はかかるという。

こうした実情を知ると、「防衛産業はボロ儲け」などという言葉とはかけ離れた姿が見えてくる。

また同社は役目を終えた戦車の解体も担っている。

「まさにゆりかごから墓場まで。最後はうちで溶かすんです」

苦労して作った戦車も最後は鉄に戻る。自分たちで作ったものを自分たちの手で生まれる前の鉄に戻す作業は、例えようのない切なさがあるという。

人を、国を守る「盾」作り

三菱長崎機工は、防弾鋼板という弾丸から人命を守る頑丈な「盾」を作っている会社だが、どんな弾も止める自信はあっても、「先が見えない」不安をどう乗り越えるか、その「盾」だけは見つからない。

「製造には最短で三カ月かかりますので、納期が迫った発注となると、先に作っておかないと間に合わないんです。あるかもしれない注文をフライングして準備するかどうか。その判断が難しいですね」

作り置きはリスクが高く事実上できない。製品を置いておくことは、お金を置いているのと同じで金利も税金も発生し、場所も取る。

常に発注があれば、すぐに対応できるようにと用意していた時代もあったが、現在は在庫を抱えることはできないという。

これから90式から10式戦車に切り替わるが、板厚がまったく違うため、それぞれどこまで在庫を持っていればいいのか、非常に悩んでいるのだ。

「同じものを民間の警備会社の車両などに使うというわけにはいきません。いくら困っても守らねばならない一線があります」

とはいえ、やせ我慢や精神主義では企業は存続できない。何度もくじけそうになったというが、そのつど社員を奮い立たせたのは、長崎機工生まれの「盾」の活躍だった。

世間を震撼させたさまざまな事件などで、人命を守るため同社の鋼板が使われていることがある。そうした事案に接するたびに、自分たちの作った防弾鋼板が日本の「盾」になっているのだという自覚を新たにするのである。

「戦前からやらせていただいている事業なので、私たちの代で潰すわけにはいきません。これは責務かなと思っているんです」

同社の営業部主査の名執正文さんが言う。

自衛隊の国際活動が本来任務となった今、イラク派遣のようなことがいつ起こるかわからない。政治決定がなされるまでは行動できないが、常に世の中の動きにアンテナを張り、世界の武器の現状研究も怠れない。国家レベルの脅威から、テロやゲリラといった非対称の脅威まで分析する必要がある。

一企業が行なうこうした情報収集・分析は、あくまで「企業の勝手でしょ」と、国も防衛省も無関心というスタンスではなく、報われなければいけないと私は感じた。いざという時に、日本が頼るのは彼ら防衛産業の「盾」なのだから。

第7章　富士学校と武器学校

火砲そして砲兵の現場へ――富士学校

「恋しくば　訪ね来てみよ　和泉なる　信太（しのだ）の森のうらみ　葛（くず）の葉」

大阪は和泉市信太山に伝わる白狐の恩返しの物語「葛の葉」伝説に登場する一節である。

信太山には、かつて帝国陸軍の野戦砲兵（略して「野砲兵」）第四連隊があった。私はある戦友会にお邪魔し、野砲兵第四連隊に所属していた元砲兵の方と親しくなり、いろいろな話を聞いていた。

古くはノモンハンの戦い、そして『あの旗を撃て』で知られるフィリピンのコレヒドールでの戦闘に従軍した経験談は、まるで戦争に行ってきたとは思えないほど、悲壮感のない、快活な口ぶりだったのが強く印象に残っている。

信太山の演習場には伝説だけではない、本物の狐も棲んでいて、見かけることもしばしばあったという。

仲間が中国大陸でゲリラの攻撃に遭いそうになった時、狐火のような不思議な光が危険を知らせてくれて間一髪助かったとか、負傷して入院していた時に狐がひょっこり現れて挨拶でもするように去って行き、ちょうどその頃、外地で戦死した先輩が姿を変えて現れたのではないかとか、歴史の本ではなかなか知り得ない「戦史」も、聞かせてくれたものだった。

私は当時、「野砲兵」とは何か、ろくに知らずに聞いていたわけだが、馬匹（ばひつ）の話を多く聞かせて下さったことから、馬とは苦楽をともにしたらしいことや、野砲を撃つ時は砲身がブレるので、それをあらかじめ計算に入れて狙いを定めるとか、私の断片的な知識（雑学も含めて）は、次第に増えていった。

ただ苦労したのは、耳が遠く大きな補聴器を付けてはいたが、私の声が聞き取れないようで、いつも大声を張り上げないと会話ができなかったことだ。しかし、そんなことはどこ吹く風で、砲兵であったことを誇らしく話してくれた。

「襟には栄（は）ゆる　山吹色に　軍の骨幹　誇りも高き　われらは砲兵　皇国（みくに）の護り」

と『砲兵の歌』も元気よく歌った。

思えば、これが私の「砲兵」との最初の出会いだった。あれから何年も経って、こうして戦車や火砲に関係する防衛産業の現状を調べることとなり、当時の話で、今になってようやく理解できることも出てきた。金庫にしまっておいた昔のものが、日の目をみるような感じだ。人生の先輩の話は聞いておくものである。

防衛産業の取材を続けるうちに、私は火砲や砲兵が置かれている状況をもっと知りたいと思い、実際に訓練している現場に行ってみることにした。

富士山の麓にある陸上自衛隊富士学校。ここは、普通科・野戦特科・機甲科の教育訓練や研究を行なっている学校である。

ちなみに「野戦特科」とは「砲兵」のことで、戦後、自衛隊では帝国陸軍で使用していた「兵」という呼称を使えないため、「歩兵」は「普通科」、「戦車兵」は「機甲科」という職種に名称を改めた。

富士学校でこの三つの職種が共存しているのは、単なる偶然ではなく、理由がある。陸軍の頃から練武の地として培われた富士山麓に三つの職種の統合学校があることは至極当然のようだが、警察予備隊時代はそれぞれ別の地に教育施設が分かれていた。昭和二七年に富士学校創設が決まった際、単一の学校にするのか、そうではなく、普通科、野戦特科、機甲科学校と並立して全般を統括する富士学校総監部とすべきではないか、という二つの案が出され、論争が繰り返された。最終的に当時の林敬三陸幕長の決断で並立となったという。

かくして久留米から普通科学校、習志野から特科学校、相馬原から特科部特車部（機甲科学校に相当）が富士に移駐し、三校が同一場所で教育、研究を開始することになった。世界的にも、歩兵と砲兵と戦車兵の総合学校は極めて珍しいのだという。

三つの職種が一つの学び舎で過ごすことは、作戦をともにする同志としての関係を密にするうえで、大変相応しいことと言われている。このように自衛隊には多くの先人たちが知恵を絞って創設した学校が数多くあり、組織として、いかに教育を重要視しているかがわかる。

「助け合わなければ強くなれない」

富士学校第三七代学校長の三本明世（みもとあきよ）陸将は、「人材育成」と簡単に言っても、それには一〇年も二〇年もかかるという時間感覚が抜け落ちてはならないと言う。

人は短兵急には成長しない。ついすぐに結果を求めてしまいがちだが、人に対して、あるいは自分自身に対しても、焦らずに一歩一歩を確実に前進すればいいという寛容さが求められる。陸上自衛隊では「人を育てる」ことには相応の時間をかけ、実に気を使っていることが取材を通じてよくわかった。

さて富士学校で、どんな教育がなされているのか、指導者たちの話を聞いてみた。

機甲科部長の日笠玲治郎陸将補は、戦車乗りだからこその「人」を意識することの大切さを熱く語ってくれた。

「最新の戦車は、誰が乗っても運用できると言われてます。極端な話、ロボットでもいいんです。でもそれでは戦えない」

兵器の近代化や無人化の技術進歩も著しいが、それがそのまま「兵士不要」となるわけではない。兵士が現場に行って初めてわかることがたくさんある。

「行かないとわからん、ということです。無人でやるには限界がある。無人兵器の技術も向上させなければなりませんが、半長靴で行かないとダメな所もいっぱいあるんです」

昭和一三年、徐州会戦において、渡河作戦で自ら戦車を降り、偵察中に戦死した西住戦車長を思い出させる話だ。機甲科、つまり戦車乗りの育成とは、まさに情報・偵察の人材を育てることであり、「よく見る、よく知る」ということが必要であるという。

「部隊を強くするために、どんなことをやってきたかというと、二つあります」

まず一つは、わが国の自衛隊は敵を求めない部隊、つまり対象者が存在しないために、どうしても自己満足に陥り、自分だけ強ければいいという発想になりがちなことから考えた。

「ここが大きな問題点でした。私は、常に敵を見るように言っています。たとえば競技会をやるなら、去年勝った中隊の訓練を見てきなさいと言うんです」

敵の分析は「戦う前に勝つ」ことにつながる。ただ強さを求めるのではなく、敵を想定して研究することが重要だと日笠部長は説く。

「もう一つは『思いやり』です。これは今の日本人に決定的に欠けているものです。そこで隊員たちには『自分の汚れを他人に与えるな』と教えています。それが原点です」

トイレで自分の汚れをきれいに拭いたか？　風呂に入ってアカが一片でも浮いてないだろうか？　ちゃんと体を洗ったか？　そんな基本的なことすら、今の家庭では教えていないという。

日笠部長は連隊長を務めていた時、隊員が使う風呂に週に一度は一緒に入り、湯船にアカが浮いていないかどうかチェックしていたのだ。

「大半の子がちゃんと体を洗っていないんですよ！」

語気を強めた日笠部長に、私は陸上自衛隊の「人間力」というか、人材育成の奥深さをひしひしと感じた。隊員たちと裸で付き合える指揮官がいるというのは、組織の強みではないだろうか。

「今でも一緒に風呂に入って指導していますよ」

そう言って日笠部長は豪快に笑った。隊員が正しく箸を使えていない話や営内のゴミ箱を覗いて生活の乱れの兆候をつかむ話など、部長の話題は尽きなかった。

日笠部長が繰り返し言った「助け合わなければ強くなれない」は当たり前のようだが、まさに組織づくりの要と言えるだろう。

普通科部長の太田牧哉（まきや）陸将補は、自衛隊の人材育成は「日本の財産」であると話してくれた。まさに「人」を重視するのは歩兵の本領（ほんりょう）である。

個性豊かな指導者たちが全身で愛情を注ぎ、一人の兵士を育てているという事実が、太田部長の話からもよくわかった。

だが、社会的な認知度の点で陸軍時代とは雲泥の差があるという。かつてのようにとは言わないが、もう少し社会の見る目が変わって欲しいと、太田部長は心情を語ってくれた。

「かつては陸軍で二年も勤め上げれば、社会からのお墨付きが得られ、お嫁さんをもらえました。下士官は村のリーダーとなって村長になる人も多かったんです。連隊長クラスは県知事と同列扱いでした」

現在の社会では自衛官の地位や名誉は軽んじられていると、私は思う。自衛隊で隊員の育成にあたる指導者たちは組織内でいくら素晴しい人材に鍛え上げても、国民が同じような価値観をを持ってくれないならば、そこに大きな壁を感じるのではないだろうか。

戦いに勝つのは火力があればこそ

次に特科部長の小林茂陸将補を訪ねた。

そもそも、この野戦特科という職種とはどんなものなのか、あまり知られていないのではないだろうか。私自身、演習などで見ていても「撃った」「当たった」ということしかわからず、いまひとつ仕組みが飲み込めていなかった。

しかし、火砲はそんな野暮な代物ではないらしい。

東富士演習場における野戦特科の訓練。耳栓は必需品だ。

「かつては『砲兵は戦場の神様』とか『火力は勝利への女神』と言われていました。ドイツ陸軍が使用している砲兵部隊のガイダンスには『砲兵は戦場における戦いと打撃の女神である』と記されているんですよ」

と、小林部長に聞き、驚いた。「戦場の女神」たちはどんな仕事をするのか、ますます知りたくなった。

まず野戦特科、つまり砲兵（ややこしいので、以後「砲兵」で統一する）は「撃つ」「計算」「観測」「通信」「測量」「後方」の担当に分かれている。

「観測」を行なう人は、最前線で行動して敵に近づき、敵味方の位置を射撃指揮所に送る。それを受けた指揮所が、方向や角度などを計算し各砲に伝達するのだ。

砲兵班は、砲班長・照準手・砲手・操縦手に分かれていて、六〜九人くらいで編成される。射撃したら素早く陣地を変えなくてはならない。射撃したことで、敵に発射位置を特定されるからである。

「計算」「観測」「通信」「測量」「後方」の各持ち場の隊員と、「撃つ」隊員がそれぞれの役目を滞りなくこなし、チームプレーが上手くできて初めて任務が達成できるのだ。

百聞は一見にしかず。早速、演習場で訓練の一部を見せていただいた。富士の総合火力演習などでは、野砲が発射され、「弾着」と言って着弾するまでの数秒しか見ることができないが、これは本来の砲兵の動きの最終章にすぎなかった。

実際に射撃中の大砲を目の前にすると、砲兵の皆さんの動きが流れるように美しく感動してしまった。よどみない連携で弾を装填し、発射する動作はまるで茶道の所作のように無駄がない。さらに撤収と移動も全員が呼吸を合わせて行なうのである。

小林部長曰く「優秀な砲班は隊員の動きに一つの無駄もありません。優劣の差がはっきり出るんです」

と言っても、私の見る限り、どの班もモタモタしている人など一人もいない。優劣はつけがたく、ほんの数秒の違いがあるかどうかの次元のようだ。

代表的な火砲は一五五ミリりゅう弾砲ＦＨ70である。「りゅう弾砲」とは射程の長いものをいい、FH70の最大の射程は約三〇キロ。「りゅう弾砲」以外には「迫撃砲」や「加農砲」があるが、「迫撃砲」は高い射角をとり、弾道が大きく湾曲し近距離の攻撃に適している。「加農砲」は「りゅう弾砲」よりも低い射角をとり、弾道が直線的なものを言う。

そして自走式のものでは、99式自走一五五ミリりゅう弾砲と二〇三ミリ自走りゅう弾砲、多連装ロケットシステムMLRSなどがある。

なお不発の子弾で民間人の被害が出やすいという理由でクラスター爆弾の使用禁止を目指した「オスロ・プロセス」や、平成二〇年（二〇〇八）にアイルランドのダブリンで行なわれた国際会議における合意で、MLRS用のクラスター爆弾搭載型ロケット弾の廃棄が決められている。

ちなみに、五個MLRS大隊を廃止すれば、その代わりに約九〇個特科大隊、つまり二〜三万人の砲兵が必要になるが、野戦特科職種の人員は削減される一方なのだという。

クラスター爆弾という、極めて短時間で「面」を制圧できる兵器は、四面環海で広い海岸線に囲まれたわが国にとって、敵の上陸を阻み、被害を最小限にとどめるために必要不可欠である。

そうした国防上の利点を十分に理解せぬまま、安直なセンチメンタリズムと俗論に迎合し、多大な破棄費用をかけて国家を守るための兵器をみすみす捨てるというのは、それこそ「無駄使い」だと、私は思うが、国が決めてしまったことだ。速やかにこれに代わる装備の充足を求めたい。

火砲の戦力が再評価されている

問題は、クラスター爆弾のみならず、火砲そのものを減らす論調も少なくないことだ。もし日本に火砲がなかりせば、敵は遠距離からの攻撃を受ける恐れなく、組織的な兵力を一挙に前進させることができる。火砲は隊員の損耗をできるだけ出さず、国民の被害を最小限にとどめるという思想に合致した兵器と言えるのだ。

策なき火力の削減、技術維持を困難とするほどの方針は、国家として「専守防衛」と言いながら、本土の「人」をいわば見殺しにし、「人」は大事だ、「人材育成」などと言いながら、自衛官の命を軽視することだ。それは欺瞞以外の何であろうか。そうした言行不一致を国民は許してはならないのではないか。

日露戦争では旅順要塞攻撃と奉天会戦で二八サンチりゅう弾砲がロシア軍に損害を与えてロシア兵を震え上がらせ、日本軍の士気を高揚させたという。火砲がその力を十分に発揮することで戦いの勝敗を決するのだ。もちろん、制空・制海権を保持することが前提ではあるが、現代戦においても、各国における火砲の位置づけに変化はない。いや、むしろ火砲は再評価されつつある。

フランス軍は、二〇〇八年八月一八日、アフガニスタンでタリバンの待ち伏せ攻撃により三〇名を超える死傷者が発生したことから、アフガニスタンへのりゅう弾砲の配備増強を決定した。

この伏撃ではフランス軍は、当初、航空攻撃による反撃を試みるも、タリバンとフランス軍の距離が近すぎることから効果的な攻撃ができなかった。このことから、フランス軍では歩兵と火砲が連携することの重要性が見直されているという。また同じ理由からレバノンの派遣部隊に対しても火砲を増強する予定である。

火砲の威力をさらに高めるために各国では、指揮、観測、射撃の三つの部隊とこれらを連接する通信や測量の機能の一体化を図るとともに、高精度化を目指して研究が進められている。

とにかく、火砲について、私は認識を新たにした。確かに核やミサイルといった圧倒的な破壊力を持つ兵器に、いかに対峙するかが優先課題であるのは道理ではあるが、最終的に陸上戦闘を想定した場合、地域制圧能力に優れ、侵入した敵を一挙に撃破できる火砲は不可欠だと思った。

そもそも「最終的に陸上戦闘」を想定しない、と言うなら、それ以前の議論になるが……。「その時」を想定するかしないかは、「国を守る意志」が問われるところだ。

「大砲」やそれを扱う「砲兵」と言うと、どこか荒っぽいイメージを持ってしまいがちだが、その正しい役割を知れば、やはりこれは紛れもない「戦場の女神」なのである。

国防費は国民財産として残るもの

富士学校のある富士駐屯地内には、教育研究などを支援する富士教導団という部隊や、開発中の装備品の実用試験を行なっている開発実験団がある。

開発実験団では、文字通り開発した装備品が実際に運用できるかどうかを試すわけだが、それも、高温・低温・泥の中などなど、あらゆる厳しい条件下で行なう。何日間も企業の開発者と演習場に泊り込んでの作業だから、それぞれの立場で悲喜こもごもがあるそうだ。いずれにしても関係者一同が一つ一つの装備品を手塩にかけて産み出す姿がそこに垣間見られる。

「国防費と言いますが、これはゆくゆくは国民の財産として残るということを、多くの人に知っていただけたらいいのですが……」

開発実験団長の飯塚稔陸将補は、その思いを語ってくれた。

国防費、防衛費、軍事費……と、いろいろな表現をされるが、このお金が「自分たちの安全ために」計上されている予算だということについて、ついぞ忘れがちなのは、世の中が平和ゆえだろう。

兵器は使われた時に圧倒的な威力を発揮すべく、多額の予算を投じて開発されるが、最後まで「使われない」で天命を全うすることがベストだという大きな自己矛盾を孕んでいる。そしてそれは自衛官の存在も同様である。この頃は、「一生使わないものにお金をかけるのは無駄」という思考、国の安全を経済的観点で計るという発想から、見えないものへの負担は御免こうむるという人も増えているようだ。「抜かざる宝剣」に価値を見出せるかどうかは、今後の日本人の資質が左右すると言えるだろう。

実は、この投資には国家の技術力の進歩・発展や、人的資源の養成、抑止や安心感といった無形のさまざまな「財産」が残されるのだが、それがなかなかわかりにくい。

本来、そういう意味で、すべての国民が受益者なのだ。

データ解析で約三〇億円の削減に

つぎに装備実験隊第六実験科解析幹部の橋田直芳二等陸佐を訪ねた。「射表」を作る方だと聞いていた。

「射表なんて言われても、何のことだかわかりませんよね」

と、橋田二佐が言うように、お話を聞くまでちんぷんかんぷんであった。射表とは火器をどの方向に向けて、どのくらいの角度をかければよいかの数値を、あらゆる条件において算出した数表のことで、火器・弾薬を使う上で必要不可欠なものだという。このデータの優劣によって「試し撃ち」の弾数も節約できるらしい。

橋田二佐は昭和四八年に防衛大学校を卒業し、宇都宮の第12特科連隊に六年間勤務したあと、昭和五三年以降、再任用を経て、その自衛官生活のほとんどを射表作成に携わった。この緻密なデータを極めて綿密な作業をもって作成することにより、「試し撃ち」の弾数を削減できるのだという。

その橋田二佐が、長年のデータ収集・解析により、射表整備を効率的に行なう新たな要領を考案した結果、従来は九年を要する射表編纂教育を六年に短縮し、試験用弾薬を二〇〇〇発（約三〇億円）削減するなど、大幅な経費節減につながった。

ただお金をかけているだけではない、少しでも効率化し、経費負担の軽減につながる成果も、多くの人の努力によってなされているのだ。橋田二佐はその技術の積み上げによって、自衛官としての人生を懸けて、一つのことに取り組んできた。そして、その結果として、数多くのデータ集積や分析に成功し、同時に莫大な節約という効果もあげたのである。まことに頭が下がる。

いろいろなお話を聞いているうちに、あたりはいつの間にか日が落ちてきていた。夕焼け色に染まった富士山が、まもなく今日一日が終了することを告げる。

富士学校の取材で最後に訪れたのは敷地の外だった。駐屯地のあるここ須走（すばしり）の地は多くの陸上自衛官にとって教育や演習などで何かと縁深い場所で、地元の人々との交流も長く続いていると聞き、夜の街に行ってみた。

地元には定食屋などがいくつかあり、それらの中には、夜は飲み屋、麻雀屋、それに自衛官のいわゆる「日曜下宿」のような部屋もあったりする。これまで、店の娘さんと結婚する自衛官もいたとか、いろいろなエピソードがあるようだ。

そして、なんと「自衛官の店」とか「自衛官とその関係者以外立入りを禁止」という看板が出ている所もある。私は「関係者」ということで同行させていただき、入ってみると、猫が一匹、後をついて来て、ご飯をもらっていた。

「フジオという名前なんです。みんなで飼っているんですよ」

とのことで、ふだん自由に出入りできるのは現役自衛官かＯＢ、そして猫のフジオと、強いて言えばフジオの友だちくらいであることがわかった。

以前は富士学校の学生と地元の青年団との間でソフトボール対抗戦があり、ともに汗を流し酒を酌み交わしたこともあったと、お店の方が話してくれた。自衛官以上に自衛隊を知っている地域との温かい交流。須走の夜の街も貴重な「教育の場」と言えそうだ。

予科練の地に立つ——武器学校

陸上自衛隊には「武器科」という職種がある。わかりやすく言えば兵器の「整備屋」である。何かと気を使って「機甲科」とか「特科」という陸軍時代のイメージを変えようとしている一方で、「武器科」というストレートな表現をしているのはなぜだろうとも思うが、こだわりも感じることができる。

その「武器科」の隊員を育成するのが、土浦にある陸上自衛隊武器学校だ。

武器学校は、かつて霞ヶ浦海軍航空隊（水上班を経て昭和一五年に土浦海軍航空隊に改称）が所在した跡地にある。

「若い血潮の予科練の　七つ釦は　桜に錨　今日も飛ぶ飛ぶ　霞ヶ浦にゃ　でかい希望の雲が湧く」

この西条八十作詞、古関裕而作曲の『若鷲の歌』で有名な「予科練」（海軍飛行予科練習生）が厳しい訓練をしていた所だ。二人は予科練に体験入隊してこの曲を作ったと言われている。

霞ヶ浦を走行する八九式中戦車。

「予科練の制服が七つ釦の短ジャケットになったのは昭和一七年からなんですよ。だから、それまでの予科練生は水兵服なんです」

そう説明して下さったのは、第二九代武器学校長の新村暢宏（にいむらのぶひろ）陸将補で、海軍の歴史にも知悉している方である。緑色の陸自の制服を着て、予科練の歴史を語る姿はちょっと不思議な光景だが、またそれは嬉しいことでもあった。そして、ここには敷地内には山本五十六像が建ち聳えていて、それも面白い。ここにいる陸自の隊員は海軍の遺産の維持管理にも努めているのだ。

一方で帝国陸軍時代の戦車の設計図面など約一五〇〇点も保管されているなど、陸軍史を物語る武器や車両も数多く展示されている。

平成一九年には、満洲事変や第一次上海事変の頃活躍した八九式中戦車にディーゼルエンジンを取り付けて走行可能な状態に復元する試みが行なわれ、今回の取材で、私も実際に走行する姿を見せていただいた。

先人たちの技術の結晶としての歴史を現代に蘇らせるというこんな夢のある試みができるのも、優れた技術力と知識涵養の成果だと言えるだろう。

武器学校では、陸自の装備する車両・戦車・装甲車・火砲・機関銃・小銃・弾薬・ミサイルなどの武器の整備や専門技術、武器科職域の上級指揮官・幕僚の運用教育などを実施している。

陸自は「自己完結型の組織」と言われるが、かなりのレベルまでアウトソーシングせずに自分たちでこなしてしまうことが大きな力だ。それは武器学校のように各職種のプロを育てる機関が充実しているからといえるだろう。

戦友のため槍先を研ぎ、整える

武器学校では、いろいろな教科の教官から話を聞いたが、技術の継承にはみな苦労しているという。自衛隊の場合は、「ハイ・ロー・ミックス」という新旧装備品の混在が常態化している。三〇年以上も前の装備を使っている部隊があったり、最新の装備を持っている部隊もあったりと一律ではなく、予算の都合で必要な装備がまんべんなく行き渡らないのだ。

そういう状況なので武器科職種では、古いものから新しいものまですべて扱わねばならないし、その教育も施さなければならない。また部品などもまったく違うものなので古い部品の調達や整備には手間もお金もかかるのだ。

技術というものは、日進月歩で常に新しいことに向けて磨いていくのが「あるべき道」だが、敢えて何十年も前のものを取り扱うことや、その調達諸々に労力を割くということは、「技術立国」の名前が泣くというもの。苦労は尽きないようであった。

しかし、それでも国産を続けているうちはまだいい。もし兵器の国産がストップし、全面的に輸入に頼るなどということになったら、高度な兵器ほどブラックボックス化され、自分たちで整備できない事態を招く。ある教官はこう語る。

「そうなったら、有事になればお手上げです」

平時には外国企業と連携して整備教育ができるだろうが、そこまで依存してしまえば、自衛隊は気づいたら、一人で立ち上がることができなくなる。いや「日本」が立ち直れなくなると言った方がいいかもしれない。

ＯＤＡの一環で途上国に医療機器や精密機器を寄付したが、修理ができずに放置されているという話をニュースで聞いたことがあるが、どんなに良いものでも、メンテナンスや再生産の能力がないと無用の長物になるだけだ。技術あっての国力なのである。その技術の育成のためにも、国産を絶やしてはならないということであった。

今回の武器学校の取材で一つわかったことがあった。それは第二教育部長の池田史郎一等陸佐の「要望事項」がきっかけであった。

「要望事項」というのは、指揮官が着任した際、隊員に対して掲げる言葉で、隊員たちにとっての「座右の銘」と捉えていいだろう。

池田一佐の要望事項は「戦友のために」という非常に短い言葉であった。しかし、言外に含む意味合いは広がる。

「我々は、第一線で戦う戦友のために槍先を研ぎ、整えるのが任務です。これを怠り、戦闘職種が戦えないことは、我々の『死』を意味するのです」

池田一佐の言う「死」とは、生命の最後という意味もさることながら、この職種の存在そのものを意味しているように、私には聞こえた。

また武器科の隊員は単なる整備工ではない。与えられた時刻までに命ぜられた数量を整備できなければ、戦友が任務を達成できないのだという意識を常に忘れてはいけないという。

　では「戦友」とは何か？

「戦友」とは単なる友人関係とも異なり、利益や打算を超越した間柄を指すという。

そして「戦友」はさらに「親友」とも異なる。「戦友」とは命懸けで守る相手であり、

「戦友」を守るために自らも命懸けにならなければならない。

「戦友のために……」

　もしかしたら、この言葉は、現代人の抱えるあらゆる迷いや悩みも解決に導いてくれそうな気がした。

　かつてこの国のために若い命を散らした先人たちという「戦友」、同盟国として日本防衛に努めている米国という「戦友」。皆「戦友」であると、あらためて意識すれば、私たちは自ずと、いい加減な対応はできないのではないだろうか……。

　池田一佐は、あまり多くを語らなかったが、私はそんなことを考えた。

　そして、それまでよく知らなかった武器科職種という仕事がだんだんわかってきたような気がした。

第8章　刀鍛冶のいる工場

「プレスは餅をこねるように」――日本製鋼所

最近、街で「超ド級！マグロ祭り」という回転寿司の看板を見つけて思わず笑ってしまった。

「超ド級」の「ド」は、一九〇六年（明治三九）に就役したイギリスの戦艦「ドレッドノート」に由来していて、「超ド（弩）級」とは、「ドレッドノート」と同程度の戦力か、それを上回る戦艦で、一二インチ（三〇・五センチ）を超える主砲を搭載した戦艦を指す言葉だからだ。

今は、「超ド級○○」といえば、「ものすごく大きい」とか「ビッグサイズ」といった意味合いで一般的に使われている。まあ、お寿司屋さんには「軍艦巻」があるから、的を射た使い方なのかもしれないが……。

わが国で初めて「超ド級」戦艦と位置付けられたのは、大正二年（一九一三）に就役した巡洋戦艦「金剛」であったが、その少し前、明治四〇年（一九〇七）に、「金剛」を製造したイギリスのビッカース社、そしてアームストロング社、さらに北海道炭礦汽船が共同出資してできたのが日本製鋼所である。日露戦争後、それまで輸入に頼っていた兵器の国産化を目指して設立された国策会社だ。「大砲作りの老舗」と言っていいだろう。

ちなみに戦艦「長門」と「陸奥」の主砲は日本製鋼所で製造された。「大和」は呉の海軍工廠で建造されたが、主砲は呉の海軍工廠で、一二・七センチ二連装高角砲は日本製鋼所が製造し、一五・五センチ三連装砲塔や二五ミリ機銃、一三ミリ連装機銃を、海軍と共同で製造している。

また日本製鋼所の「社歌」は古関裕而（こせきゆうじ）が昭和二九年に作曲しているということも付記しておく。

この歴史ある日本製鋼所を訪ねた。

まずお邪魔したのは北海道の室蘭製作所だ。ここでは原子炉部材などを製造しているという。工場に入ると、一万四〇〇〇トン水圧プレスという、まさに「超ド級！」

の大型設備があり、赤く熱せられた大きな鋼の塊が叩かれ、延ばされている。

「あの大きな機械を操作するのには、かなりの技術が必要なんですよ」

案内してくれた日本製鋼所の方に教えられた。鉄を叩いて成形する「鍛冶屋」の技法である。巨大なプレスを動かすのは、コンピューター制御や専用ラインによるものではなく、熟練工が巨大な鉄のハンマーを目視でていねいに叩き、延ばしているのだ

室蘭製作所の敷地内にある瑞泉鍛刀所。写真上は工場見学の案内をしていただいた皆さんと。

という。単純そうな作業かと思ったら、そうではなく、長年の職人技や勘がないと上手くできない。つまり「匠の技」がないと成立しないのだそうだ。

「プレスは餅をこねるようなもので、すべては『塩梅(あんばい)』なんです」

私が信じられないような顔をしていると、次の場所を見ればわかるということで、そこを離れた。

敷地内を移動し辿り着いたのは、木造の作業場のような所であった。外に「瑞泉鍛刀所(ずいせんたんとうじょ)」と看板が出ている。なんと日本製鋼所には刀鍛冶がいるのである。ここは大正七年(一九一八)に日本刀製作技術の保存と向上を願い、建設されたという。

中では刀匠の方が、黙々と作業をしていた。

「この仕事は、先ほどのプレスがやっていることと似ているでしょう。これが原点なんです」

なるほど! 言われてみれば、熱せられて赤くなった鋼を叩いて延ばしている。

「日本刀も原子炉も大きさは違いますが、同じ鍛鋼製品として基本的な製作工程は変わりません」

日本製鋼所の「物作り」の原点がここにある、ということであった。

そしてそれは大砲を作る技術にも活かされている。

海外メーカーを抜いた砲製造技術

日本製鋼所の防衛部門を担当するのが広島製作所だ。広島製作所は大正九年（一九二〇）に設立され、機関砲・戦車砲・りゅう弾砲・艦載砲をはじめ、ミサイル発射装置、自走対空機関砲システムなどを製造している。ゆえに陸・海・空自衛隊との関係は深い。海上自衛隊については、ここ最近、艦載砲が削減されているが、艦載砲は錆がつきやすくメンテナンスが大変なので、呉に近いという場所柄もあり、頻繁にやり取りがあるようだ。広島製作所の担当者は、出港間際に問題が発生などということがあると夜中でも艦の修理に駆けつけるという。陸上自衛隊は、平素のメンテナンスは自分たちでやってしまうので、慌てて駆けつけることはあまりなさそうだが、「火砲」という、陸上戦力に欠かせない部門を担っていることから、その存在はすこぶる大きいのである。

同社が製造する陸自の火砲の代表格99式自走一五五ミリりゅう弾砲は、わが国初のオール国産で、車体は三菱重工、砲塔と砲身部分は日本製鋼所が受け持っている。

90式戦車は車体と砲塔は三菱重工で、砲身はドイツのラインメタル社のものを日本製鋼所がライセンス生産していたが、10式戦車ではついに砲身（五二口径一二〇ミリ滑腔砲）が日本製鋼所製となり、一〇〇％国産を達成した。90式戦車のラインメタル社製の砲身から発射された砲弾はブレるが、10式戦車の砲弾は一切ブレがないという。運用側では「日本製鋼所はラインメタルを抜いた」と太鼓判を押す人も多い。

その広島製作所も、三菱重工の戦車工場と同様、やや静かな印象であった。やはり、ここも同じような悩みを抱えているのだ。

「かつては年間一〇〇門くらいの火砲を作っていた頃もあったのですが、今は七割減です。予算縮小の影響をモロに受けています」

特機生産部の方は言う。

そうは言っても、防衛部門の技術者の育成には力を入れていて、四〇名ほどをその道のプロとすべく、教育を施しているというから頭が下がる。

「火砲を製造する技術は非常に特殊で、熟練の技を必要とします。『専門家』を育てなければならないのです」

専門家を育てるため、技術者の流動は原則的にさせていないという。というよりこれほど特殊で高度な技術を要求される民需品がそもそもないので、転換のしようがないのだという。

しかし、日本の近代史とともに積み上げてきた大砲製造のノウハウは他の分野に活かされている。

技術の継承。自助努力で防衛部門のプロフェッショナルを育成している。

戦艦大和の主砲の長さは二〇・七メートルで、重さは一六五トンに及ぶ。一発撃つたびに砲身内に三〇〇〇気圧がかかるため、約二〇〇発で砲齢が尽きる。このような過酷な条件で使用される砲身は最高級の品質が求められ、大型化でさらに高い技術が必要とされた。

日本製鋼所は戦後、兵器製造から民需品製造に大きく転換を図ったが、こうした大砲製造の技術はさまざまな製品作りに活かされたという。その一つが主力分野となる原子炉の製造で、今や世界で八〇%のシェアを持っている。大砲を作っていたからこそ原子炉製造への転換が可能となったのである。企業として進むべき道を、過去の遺産が教えてくれたと言い換えることもできそうだ。

そうは言っても、日本製鋼所に占める防衛関連の売上げは八%足らずで、数字上は肩身が狭い。

「職人になるには知識と自信が必要です。教育することで知識は得られますが、実際に作るものがないと、いつまでも『自信』がつきません」

今の技術を維持するには限界に近い生産数だと言い、

「もがき苦しんでいる」と関係者は口を揃える。

生産できないと教育の成果も得られないので、優秀な者を表彰するなどして士気の向上に努めているということであった。

DNAが戦後生まれとは違う

平成四年（一九九二）三月一四日、鹿児島県の錦江湾沖合三・五キロの水深一八〇メートルで、底引き網漁の網にゼロ戦の操縦席の部分がかかり、戦後四七年ぶりに引き揚げられた。

操縦席の左右には七・七ミリ機銃が一丁ずつ装備されていて、付着していた海草と牡蠣殻を取り除いたところ、「日本製鋼所　九七式七粍固定機銃三型改二　昭和一七年」の刻印が現れたのだ。

この機銃はイギリスのビッカース社が開発し、海軍がライセンス権を購入。横須賀海軍工廠と日本製鋼所（横浜製作所）で合計三万丁以上製造され、その六～七割は日本製鋼所製だった。

先輩たちが「オールジャパン」を目指し、完成させた結晶である。その取り組みに関わってきたことを改めて誇りに思う出来事であった。引き揚げられた機銃は、鹿児島の海自鹿屋基地史料館に保存されていたゼロ戦の機首に取り付けられているという。

「兵器を一〇〇％国産化するために生まれた会社なので、DNAが戦後の会社とは違うのかもしれませんね」

出自からして、日本製鋼所は国産の重みを最もよく知っている会社と言えるだろう。だからこそ、縮減の一途を辿る防需を守ろうと精一杯、踏ん張っているのだが、いま「限界」というラインがすぐそこに見えてきている。先人たちが日露戦争で学んだ「兵器国産化」という長くて険しい道に、ついに終止符が打たれようとしているのだ。

コラム　世界の武器輸出戦略

コンビニの市場より小さい日本の防衛産業

世界の兵器の流れを見ると、私たちがふだんニュースなどで目にしている各国の姿とは違う一面を知ることができます。

ストックホルム国際平和研究所（ＳＩＰＲＩ）によれば、二〇〇五年～二〇〇九年の世界の通常兵器輸出上位国は次の通りです。

一位　米国
二位　ロシア
三位　ドイツ
四位　フランス
五位　イギリス、オランダ
六位　イタリア、スペイン

九位　中国、スウェーデン

米国の輸出は七〇億ドル以上で、世界市場の三〇％を占めています。これらの兵器輸出国から兵器を輸入している国は、中国とインドが一位と二位を争っている状態がここ数年続いていて、以下、アラブ首長国連邦、韓国、ギリシャ、イスラエル、シンガポール、アルジェリア、パキスタンなどが名を連ね、近年は中東や南米向け輸出契約が拡大している傾向があります。

冷戦後、主要国の軍縮により国内需要が頭打ちになった各国の防衛産業は、こぞって輸出に活路を見出し、最近は南アフリカ、韓国、シンガポール、トルコなど、新たに兵器生産や輸出に参入する国が増えているのも特徴です。

これは、兵器を生産し輸出することによって国内技術基盤を向上させて、外貨を取り入れ、さらに民生品に転用させることも視野に入れた国家的戦略と見ることができます。

このように兵器は今や「買い手市場」となり、競争はいっそう厳しさを増しています。各国の主要な軍需企業は世界各地に拠点を移して活動し、合従連衡（がっしょうれんこう）を繰り返して生き残りを懸けた「戦い」を繰り広げているのです。

よく「軍需産業は儲かる」と言われますが、世界の流通市場における規模は決して大きくなく、日本の防衛産業に至っては、コンビニ市場と比べても約四分の一であり、果たして「防衛産業」などと大仰に言っていいものか、という声もあるほどです。

外交ツールとしての武器輸出

兵器の輸出入は経済的、軍事的利益を得るのはもちろんですが、それよりも兵器を供給することで相手国に対して影響力を持ち、相互依存の関係を構築するという外交ツールとしての意味合いも大きいと考えられます。

たとえば「インドのような国に対してならば、武器輸出を行なうメリットが大きいのではないか」という声もありますが、現在インドは中国との軍拡競争を過熱化させています。インドへの最大兵器提供国はロシアで、年間提供額は約一五億ドルにのぼるといいます。第二位はイスラエルで一〇億ドル、さらに英国、フランスと続きます。

米国もインドの市場を狙って活動を活発化させ、インド政府はボーイング社のP-8対潜哨戒機八機と、ロッキード・マーチン社のC-130J輸送機（スーパー・ハーキュリーズ）六機を購入することで両国は合意しています。

インドが購入する兵器や相手国は、すべて中国を意識しての選択で、ロシアを最大取引国としている点も政治的・地政学的に大きな意味を持っていると考えられます。

一方、わが国は、これまで海外の兵器市場での熾烈な競争に揉まれたことはなく、開発面でも平時の自衛隊向け装備に限られ、政府には武器輸出を外交手段として活用しようとする発想は見受けられません。狡猾な外交戦略を持たずして参入できるほど武器輸出は甘くないのも現状です。

繰り返し述べてきたように、わが国の国内防衛産業はその存続さえ危ぶまれているのが現状で、世界の兵器市場に参入することは、ニステップ三ステップ先の話と言えるのではないでしょうか。

世界の市場に参入することで、国内防衛産業の存続と活性化の道が開けるという考えもありますが、これまで見てきたように、逆に世界の軍需産業に呑み込まれる可能性の方が極めて高いというのが多くの防衛産業関係者の意見です。

これが「韓流」防衛産業政策だ

では、日本の隣国で同じく米国との同盟国である韓国の現状はどうなっているのでしょうか？

これまで韓国は米国との技術交流を進め、積極的に防衛関係の先端技術の取得、共同開発や装備品導入のオフセットで部品などを輸出し、経済全般の拡大に努めてきました。SIPRIによれば、米国の兵器を最も多く輸入した国は韓国で、米国の兵器輸出額の一四%を占めています。

日本経済団体連合会「防衛生産委員会特報二七六」に、韓国の防衛産業についてのリポートが記されています。

盧武鉉（ノムヒョン）大統領（当時）は、二〇〇七年一〇月にソウル空港で開幕した「ソウルエアショー二〇〇七」関連行事に出席し、その祝辞の中で次のように述べたといいます。

「二〇二〇年頃には、韓国が先端武器システムの独自開発能力を確保し、世界防衛産業先進国のベストテンに入るだろう」

韓国政府は、航空宇宙・防衛産業の発展に向け、最大限の支援を行なうことを決め、国防の一つの方針として、兵器の国内開発・輸出に力点を置く方針を明らかにしたのです。

韓国が総力をあげて開発を進めたのが、二〇一一年には実戦配備されるとみられるK2戦車です。K2戦車は「地球上に存在するすべての戦車の装甲を貫通できる砲身」と「敵の戦車が砲弾を貫通させることのできない特殊装甲」が施されているといいます。(「矛盾しているような気がしますが…」)

弾薬は自動的に装填され、二キロ以内の固定または移動中の標的への命中率は九五%以上。ヘリコプターを撃墜できる電子知能弾も備え、この弾は発射後、自ら標的を自動追尾して攻撃することが可能で、射程は九・八キロ。戦車内の四面あるモニターには、敵味方戦車の位置など戦闘地域の状況が表示され、生物化学兵器および放射能汚染地域でも作戦を遂行できる能力を有しているといいます。

このような性能を備えたK2戦車の開発には、官民あげての努力があったといいます。韓国が最新鋭の戦車開発に心血を注いだ背景には、過去の苦い経験がありました。中央日報(二〇〇八年七月三〇日)のキム・ミンソク軍事専門記者は、その歴史的経緯と今回の開発について、次のように述べています。

「朝鮮戦争当時、北朝鮮の人民軍は旧ソ連製の戦車T34を前面配置し、韓国を侵攻した。当時、韓国軍には戦車がなく、ソウルは三日後に陥落した。韓国軍の戦力ではT34に勝つことができなかった。当時、T34は性能が最も優秀な戦車の一つだった。韓米連合軍の反撃は、米軍が最新鋭のM26パーシングを投入するまで不可能だった。(中略)九五年戦争後五七年が過ぎた現在、韓国軍が世界最高の戦車を開発した。九五年から一二年間、約二〇〇〇億ウォン(約二四〇億円)を注入した開発の結果である。」

国防科学研究所ADDの戦車部長は「ついに戦車先進国の製品より優秀な戦車を開発した」と述べ、価格も他国の最新戦車より割安であることから、輸出の見通しも明るいとしています。

低価格を実現したのは開発の途上で、変速機の国内開発が可能になるなどの技術進歩により、これまで技術導入による生産に依存してきた体質を改善し外貨節減に成功したからといいます。

K2戦車は国内配備だけでなく、トルコ、サウジアラビア、オーストラリア、チリなどが関心を示し、このうちトルコへの輸出および技術提供が決まっていて、韓国は両国間の技術協力が円滑に進むよう、政府レベルで惜しまず支援する方針ということです。

また「防産輸出拡大推進団」を設置し、本格稼動させています。推進団は総勢約三〇人。企画チームと陸・海・空各軍の装備チームで構成され、韓国政府主導の防衛産業の輸出拡大に沿って、推進団は支援事項を発掘し、輸出の初期段階から政府機関や各軍や企業などと緊密に協力する体制を構築しています。

戦車だけでなく航空機もKT－1初等練習機を国産開発し、韓国空軍に八五機配備されたほかインドネシア、メキシコなどに輸出しています。

T－50超音速高等練習機は、コリアエアロスペース（KAI）がロッキード・マーチンの技術支援を受けて開発。KAIは国内向けを含め、T－50とシステムの互換性が高いF－16戦闘機を採用している国などへの輸出で最大六〇〇機の生産を見込めると試算しています。

李明博（イ・ミョンバク）大統領は訪問先での首脳外交で、積極的に兵器の売り込みをかけ、二〇〇九年の韓国の防衛産業の輸出額は一一・三億ドルで、〇五年の二・六億ドルから大幅に伸び、輸出先も〇六年の四四カ国から七四カ国に増加しました。輸出先は多岐にわたっていて、米国、インドネシア、トルコ、マレーシア、ベネズエラ、タイ、UAE、オーストラリア、イスラエル、フィリピン、パキスタンなどです。

こうした背景には、在韓米軍の再配備や戦時統制権の韓国側への返還が決まる中、北朝鮮の核実験強行などによる脅威の高まりで、自主国防強化の機運が高まり、防衛関連企業の体力をつけるためにも、量産・輸出によるコスト削減が必要になったことが考えられます。

韓国は、現在は世界の中の武器輸出額では一〇位のイスラエルの三分の一の規模にすぎません。二〇二〇年までに「ベストテン入り」が実現するかどうかはわかりませんが、今後も大きな成長が見込まれます。

アジアやアフリカなどの対テロ作戦や海賊対策などの武器需要の高まりを追い風に、世界的に通常兵器の取引量が増える傾向は今後も続くと見られ、とりわけ欧米のハイテク兵器に手が出せない途上国は安価な調達先を探っているからです。

これらの国にとっては、一定の性能と価格の手頃さが判断の基準となるため、韓国の存在感はますます大きくなると予想されます。

まるで日本と逆を行く韓国。一〇年後に笑うのはどちらの国か、それは国の方針にかかっています。

第9章　女性が支える「匠の技」

ジャイロ・コンパスの国産化を目指して――多摩川精機

その工場は長野県飯田市の山の中腹にある。足もとにはまだ雪が残っているものの真冬の晴天、澄んだ空気が美味しい。斜面に並んでいる古い木造の建物は、まるで映画のセットのようで、今にも原節子や高峰秀子が登場しそうな趣きだ。

長野の山中に戦闘機や戦車などの部品を製造している工場がある。また、そこで作られる部品は「プリウス」をはじめとするすべてのハイブリッド車にも使われていて、しかも、女の人たちが部品製造の重要な作業を担っている……。私はある人からそんな驚くべき話を聞いて、ここにやって来た。

会社の名は多摩川精機。昭和一三年に設立され、当初は東京都大田区蒲田にあった。

創業者である萩本博市は信州の飯田出身。教師を目指して勉強し、東京の青山師範学校に進んで、さらに勉学に励んだ。

そんな折、世界は一九二九年（昭和四）の大恐慌に見舞われる。故郷の農村が貧困にあえいでいるのに、ただ手をこまねいているわけにはいかない。何かできることはないかということで、博市は「地元信州に豊かな未来を創るために、工業の道を開いてみよう」と、教職の道を辞すことを決心する。

博市は東京高等工業学校（現東京工業大学）に入学。そして機械科を卒業するとすぐに計器製造会社の北辰電機に入社し、そこで工作機械や海軍の航空計器を担当した。

北辰電機では、昭和五年頃から海軍艦政本部の要請で、ドイツのアンシュッツ式転輪羅針儀（ジャイロ・コンパス）の国産化の研究を始めていた。転輪とはコマのことで、コマに高速回転（一分間二万回転以上）を与え、これを振り子のような構造にして吊るせば、コマの軸は地球の自転と重力の作用を受けて南北の方向を指すというジャイロ・スコープの原理を応用して製作したものが、ジャイロ・コンパスである。ドイツのアンシュッツが発明したものだ。これにより、それまで地磁気や艦船、積荷などの磁気に影響されて、たびたび修正しなくてはならなかった磁気式羅針儀は第一線から姿を消した。

アンシュッツ式一号は第一次大戦で活躍したドイツ軍の潜水艦に装備され、その後、転輪を球の中に収めて液中に浮かせるように改良された。これがアンシュッツ式二号で、北辰電機が国産化を目指したものである。

北辰電機は昭和一一年に国産化に成功。翌年には国産部品だけでの製作に至り、昭和一五年には「大和」「武蔵」などに装備された。

北辰電機のアンシュッツ式ジャイロ・コンパスは「安式」、東京計器（現トキメック）が国産化した米国スペリー社開発のジャイロ・コンパスは「須式」と称された。

この頃、博市は北辰電機の工作機械製造担当の責任者となっていた。昭和一二年（一九三七）に東京〜ロンドン間を九四時間一七分（実飛行時間は五一時間一九分）で翔破した「神風」号に積載された燃料計算計も手がけている。

創業以来「男女同一賃金、同一労働」

ちょうどこの時期、故郷では満洲開拓へ移民熱が高まっていた。しかし、博市は、日本の発展は若い青年が十分働ける工場を生まれ故郷の近くに作ることだと考え、独立を決意する。

博市の独立は、繁忙を極めていた北辰電機にとって痛手であり、再三慰留されたが、故郷への強い思いは揺るがず、とうとう独立を許された。北辰電機の社長は、同社が請け負っていたセルシンモーター製造を全面的に委ねるという「お土産」まで渡してくれたという。

こうして博市は昭和一三年に航空計器の工場を蒲田に設立する。社名は近くに流れる多摩川からとって「多摩川精機」。博市には、多摩川で興した技術の力を必ず故郷の天竜川へつなげてみせるという思いがあったのだ。

北辰電機社長の片腕的な存在であった博市は、独立してからも、昼は北辰電機のために無償で働き、夜は自社で仕事し、工場内に畳を敷いて寝泊りして働いたという。

そして博市は、自身の「将来に向けた設計図」を胸のうちに作成していたのだ。

「最初の一〇年は、郷里の有能な青少年を東京に集め、将来の幹部社員を育てながら会社の基盤作りを行なう。次の一〇年で飯田に工場を設置して会社を軌道にのせる」

しかし、農山村に工業を定着させることは、口で言うほど簡単ではない。長期間にわたる並々ならぬ努力が必要だとし、優れた人材を確保するために自ら学校を設立することを決めるのだ。

「信州の厳しい生活環境にある若者を集めて教育し、郷土に愛着を持ち、その将来に貢献できる人間を育てよう」

その理念の下、昭和一四年四月、蒲田に私立多摩川精機青年学校を開校するに至った。

といっても近代的な校舎が建ったなどというわけではない。従業員は工場や寄宿舎の一部を校舎代わりにして勉学に励んだという。博市の母校の青山師範学校や東京工業大学からも講師を招き、高レベルな学力取得を目指した。

もちろん仕事もこなす。昼間は工場で日常の作業をし、夜間に勉強。休日は月に二日のみであった。

女子たちには美容研究家の山野愛子女史を迎えて、化粧、生け花、行儀、物の置き方や布団のたたみ方に至るまで徹底して教えた。

博市は自らを律し、社員にも厳しかった。「正義」「勤勉」「向上」を社訓として、毎日、朝礼で従業員たちに語りかける。寮の押入れの整頓なども厳しく指導し、従業員が仕事をしている間に、整理ができているかどうかチェックして回った。

また、精密部品の製造にホコリは禁物。身をもって清潔にしなければならないと、女性従業員には全員に化粧品を支給。化粧しない者はきつく叱られ、時には殴られることもあったという。

しかし、その厳しい勉学や訓練のかたわら、社員旅行に出かけたり、映画鑑賞会や運動会などの行事も取り入れていた。

のちに博市夫人が語った話によると、家の畑で採れたジャガイモや栗の実など、ちょっと目を離すと、寮で生活する社員のためにすべて持って行ってしまったのだという。苦労して収穫した野菜であったが、食糧難で満足に食べられない社員への思いやりであった。博市夫人や子供たちは、取引先から届いた果物など一つも口にしたことがなかったという。

こうした面もある一方で、会社の方針はいわば現代風であった。多摩川精機は、創業以来「男女同一賃金、同一労働」である。

会社設立当時の募集広告を見ると、男女とも日給八〇銭に始まり、学歴と年齢が同一であれば入社時の基本給はまったく同額とある。仕事内容に違いはあるが、職種による差別はない。機械加工の職場に女性が配置されて、油にまみれて部品加工することも違和感なく受け入れられてきたという。「男女雇用均等」などと言われる、はるか前にここでは実践されていたのである。

昭和一六年一二月八日、真珠湾攻撃が敢行され開戦となる。実は博市は、この時の作戦と無縁ではなかった。開戦前夜に出撃した特殊潜航艇のジャイロを北辰電機時代に手がけていたのだ。

潜水艦五隻から発進した特殊潜航艇は次々に発見されて撃沈された。ジャイロの故障をかえりみず強行発進した酒巻艇は、攻撃を潜り抜け湾内突入を試みるが座礁。酒巻和男少尉（海軍兵学校68期）は漂着し捕虜となり、同乗の板垣清兵曹は行方不明となった。

実は開戦前の八月、特殊潜航艇乗組員の岩佐直治大尉（海軍兵学校65期・没後に中佐）が北辰電機を訪れ、小型転輪羅針儀の設計に関して、性能、航続時間、操作方法などを詳しく聞いて帰っていったことがあったという。談笑しながらのなごやかなひと時で、その後、この青年将校が、特殊潜航艇の指揮官として「九軍神」の一人となるとは誰も想像していなかった。

岩佐大尉は特殊潜航艇での攻撃を強く望んだ一人であった。しかし、山本五十六連合艦隊司令長官は「生還を期し得ない作戦」と、どうしても首を縦に振らない。そこで、生還が可能な諸々の改造を施し、ようやく許可を得ることができたのである。

この作戦後、引き揚げられた特殊潜航艇から二名の遺体が発見され、泥にまみれた海軍大尉の一種軍装の袖章から、それが岩佐艇であることが判明した。

米海軍は葬送の儀礼を行ない、遺体と潜航艇は、当時建設していた潜水艦基地に埋められたという。遺品は戦後、日本に返還されている。

桜花散るべき時に散りてこそ大和の花と賞らるるらん
身はたとえ異境の海にはつるとも護らでやまじ大和皇国を

岩佐大尉の辞世の句である。享年二六才。国を守るためには避けがたい作戦だと主張し、自ら先頭に立って壮絶な最期を遂げた。
現代の価値観では、敢えて死地に赴く自己犠牲の精神を善しとしない。しかし、祖国のために捧げた真心に対し、思いを致すことまで忘れてしまっては、あまりに寂しいのではないだろうか。

敗戦、そして再開の道へ

つい話が逸れてしまったが、国のために、故郷のために情熱を燃やしたのは多摩川精機創業者の萩本博市も同様であった。
しだいに戦局が悪化し、戦火を逃れるためにも、工場の移転は時を待たない様相を呈してきた。念願の故郷飯田での工場設立が図らずも現実的になったのだ。

わずかな貯金しかなかったが、北辰電機時代の信頼から銀行の融資を受けられることになり、すでに家庭を持っていた博市は、小学生の息子のためのわずかな預金通帳も担保に差し出したという。

工場建設予定地の選定にあたっては、まず気流の調査から行なった。軍需工場であるからには、敵の攻撃を避けなければならない。そのために気流の悪いところを探したのだ。

昔から權現山と笠松山の間の大平街道筋は、その地形から「ナット箱」と呼ばれていて、飯田地方の伝統品である元結職工たちが、その日の天候をこの上空を見て判断していた。調査してみると、やはり極めて気流が悪いことがわかり、この地に決めたという。軍需工場皇国第三七五五工場に指定され、軍の監察官も常駐することになった。

故郷飯田で新しいスタートを切った多摩川精機は軍需の追い風もあり、二〇〇〇人の工員を集めるほどに急成長し、増産につぐ増産。女優の岸田今日子も学生時代に勤労動員で来て、ネジを締めたり、ハンダ付けをしたのだそうだ。

昭和二〇年になると、都市部への空襲が相次ぐようになる。三月一〇日の東京大空襲で壊滅的な被害を受け、さらに四月には蒲田周辺が狙い撃ちに遭う。目標は北辰電機であったとも言われている。

あの撃沈された特殊潜航艇に北辰電機の銘入りジャイロが発見されたことから、米国は北辰電機のあった蒲田周辺に狙いを定めたというのが、もっぱらの噂だった。

一方、多摩川精機は、すでに会社の設備、資材一切を飯田に移動させていたので無事だった。

そして終戦直前、多摩川精機は軍から爆撃照準器用のジャイロ試作命令を受けることになる。博市が特殊潜航艇に内蔵されていたジャイロを担当していたことからの要請だった。

B29の爆撃が非常に正確だったため、墜落したB29の機体から照準器を取り出して解体・調査し、それを製造することになった。その照準器は米国ノルデンケティ社の製品であった。ジャイロは多摩川精機、光学系は日本光学（現ニコン）での試作が命じられ、試作品は中島飛行機に納めたものの、完成されぬまま終戦を迎えた。

当時の照準用ジャイロ・コンパス

そして終戦。

二〇〇〇人いた工員たちは去り、廃墟のようになった工場にたった二四人だけが残った。空地でサツマイモを栽培し、アルミを溶かしてナベ、カマを作る日々であった。

破れかぶれの中で這い上がり、徐々に再開の道を歩み始めた昭和三二年、防衛庁による魚雷の開発が始まった。ジャイロの担当には当初、北辰電機が指名されたが、同社は空襲の苦い経験から、戦後は工業計器の製造を専門とすることを決めたということで辞退。その代わりに多摩川精機を紹介したのだ。

新宿駅に来て欲しいといわれた防衛庁幹部と三菱重工の担当者が、「多摩川」というので近くにあるのかと思っていたら、信州の飯田まで連れて行かれて大変驚いたというエピソードが残っている。

そこから自衛隊との長い付き合いが始まる。その後、対戦車ミサイルのジャイロも手がけ、戦車の制御装置や機構部品、ソナーの計算ユニット、航空機の計器、ミサイル制御装置など、陸海空自衛隊の重要な部品の製造を担うことになる。

ロケットからハイブリッドカーまで

これほど自衛隊の装備品の中に「多摩川精機」の部品が入っているにもかかわらず、

多摩川精機は、三菱重工などの大手プライム企業から下請けしているベンダー企業なので、陸海空自衛隊の装備開発に関わる部署に就いている制服自衛官でも、その名前を知る人は少ないのである。

現在は三代目の社長で、防需は二〇％ほどだ。やはり、このままでは残していくのが難しいという。完成品の中に組み込まれて、目には見えないが、開発企業としての自負もある。単なる下請けではなく、常に新しい技術を開発し、国や社会に役立てようという志をもってやってきた会社であることを考えると、最近の「ただ維持するだけ」という思いの弱さが気にかかっている。義務感だけでやるのなら、意味がなく、多少費用がかかっても技術開発は将来、大きな財産になると考えるからだ。

それが証拠に同社の部品は宇宙分野でも活躍している。ロケットや宇宙ステーションに搭載される回転センサーや電動アクチュエータ、各種機構部およびそれらの制御駆動装置なども手がけているのだ。また電車用の速度検出機、駅のホーム柵、エレベーターなどなど、私たちに身近なさまざまなものにも使われているということだった。

防衛技術がそのまま民生品に使われているのも同社の特徴だ。多摩川精機は第一事業所で防衛・宇宙関連品を製造し、近隣の第二事業所で民生品の製造を行なっている

防衛・宇宙関連品を主に製造する第一事業所。

が、その第二事業所では国内で販売されているハイブリッドカーの角度センサーを生産し、シェア一〇〇%を占めているという。

軍需から防需と培った技術の蓄積があったからこそ、ハイブリッドカーでの躍進につながったことは間違いない。

そして多摩川精機は、飯田市の工場以外に青森県八戸市や長野県内の松川町にも工場を構えている。これらはもともと別の会社の持ち物で、事業統合したり、海外に転出したりして休業してしまった工場を居抜きで譲り受けて、自社の工場として機能させているのだ。

「その土地の雇用を守るという意味合いもあるんです。企業は大きな地域振興にもなります。日本が少しでも元気になってもらえればと……」

多摩川精機の三代目社長萩本範文さんは言う。

そもそも故郷の貧困救済を目的に設立された多摩川精機ならではと言ってよさそうだ。創業の精神は確かに生きている。

さて、ここで最初に触れた「女の人が重要な作業を担っている」という噂についてであるが、その女性たちとは、一体、どこで何をしているのか？ その疑問に答えるべく、私は工場内の一室に案内された。そこには「捲線室」というプレートがかかっている。

窓から中を覗くと、一〇人くらいの女性が黙々と、文字通り線を巻きつけるような作業をしていた。関係者以外の立入りは禁じられているとのことだが、特別な許可を得て入室させていただいた。

まず驚いたのは、私たちが入って行っても、だれも顔を上げたり、視線を向けなかったことだ。全員が眼の前の作業に集中していて、一瞬たりとも目を対象から逸らすことはなかった。

「モーターの部品の巻き線作業をしています。こちらは人工衛星、あちらは戦車用です」

この部屋で巻き線作業をしているのは、防衛装備品や航空、宇宙関係などのいわゆる「一点もの」で、しかも精度を問われるものばかりだ。この小さな部屋で、衛星？戦車？

ちなみに民需製品を作る第二事業所では同じ作業はすべて機械がやっている。こちらも拝見したが、マシーンで次々に秩序正しく線が巻きつけられている。自動車の場合は、まったく問題はないが、防衛装備品の場合は、機械ではできない技を必要とするのだそうだ。

ちょっとした力の入れ加減で精度が変わるのだと言い、これを修得するには長い時間かかり、まさに熟練の「匠の技」なのだ。

モーター部品の巻き線作業に集中する女性従業員。

「彼女たちの仕事は機械よりも精度が高いのです」

との説明に、この部屋を見るまでは「機械の方が正確だと考えるのが普通なのでは？」と疑問に思っていたが、納得した。

それにしても、この特殊な作業はなぜ女性が担当しているのだろう？　そして、この女性たちはどういう人たちなのだろうか？

「みんな地元の人で、主婦が多いんです。男性にはできません。やっても一週間で音をあげてしまいます」

女性たちは、全員が社員で、相応の訓練と経験を積んでいる。結婚して一度、会社を辞めて、また戻った人もいるということだが、なにしろごく普通の方ばかりなのだ。しかし男性では、この根気が必要な作業は向いていないのだという。ひたすら線を巻く、しかも正確に。これを丸一日続け、完成までに数週間から物によっては数カ月かかる。

男性の気質には向かない、真面目で誠実な日本人女性にしかできない、ということであった。しかし、同じ女性でも、私にはとうてい務まらないが……。

開発力は最大の抑止力

萩本社長は言う。

「開発力は最大の抑止力だと思っています。平時に技術優位を保つことが大事なのです」。重大な国の課題と言えるだろう。

多摩川精機は、戦前戦中こそ、軍需専門で歩んできたが、戦後はむしろ民生品の分野で成長を遂げている。

しかし、防衛部門として再び関わり続けているのは、そこに商売としての魅力を見い出しているからではない。他にも同様に防衛の仕事を担う企業が数多くあったが、撤退したり、もっと「美味しい」事業に転換したことからもわかる。

そもそも、九七式艦上攻撃機に搭載された油の量を検出する計器の開発から始まり、角度センサーにつながり、それが今日の「プリウス」「インサイト」といったハイブリッドカーに至ったという社の記憶を社長は忘れていない。

創業者の思いと、過去からの積み重ねの上に立っているという、これまでの歩みに敬意を表するからこそ、開発に時間とコストがかかり、売り上げも下がり続ける防衛部門を簡単には切り捨てられないのだ。

帰り際、ふり返ると、多摩川精機の社屋には国旗が翩翻と翻っていた。

た。

「毎日、掲げていますよ。当然のことですから」

日本晴れの空に映える日の丸は、社長の意志を示すかのように、力強く優しく見え

「戦車とプリウスの部品が同じ所で作られているって、ご存知ですか？　しかも、女の人の力が不可欠なんですよ」

思わず人に話したくなる話題ではないだろうか。これを読んでいただいたら、ぜひ多くの人に伝えていただきたいと思う。もちろん、防衛技術の重要性も欠かさずに、である。

第10章　日本の技術者をどう守るか

特車から弾薬まで――コマツ

「コマツ」という社名を知る人は多いと思うが、ほとんどの人は巨大なダンプトラックや建設機械の製造企業というイメージではないだろうか。

コマツこと小松製作所は、大正一〇年（一九二一）吉田茂元首相の実兄である竹内明太郎が創設。「日本を工業国にしたい」という強い願いのもと、農業用トラクターの製造からスタートした。

実は、コマツでは弾薬も製造しているのだ。それを聞き、私は石川県小松市にある粟津工場を訪ねた。自衛隊向けの車両とともに、コマツは弾薬の面でも防衛関連企業としての存在は大きいのである。

メインの事業は、やはり建設機械で、車両、油圧シャベルやブルドーザといったものであるが、これらの需要は、多分に景気に左右され、現在、その需要は中国など新興国への輸出依存度が高くなっている。

防需部門を担当する特機事業本部は弾薬や車両などを扱っていて、ほぼ一〇〇%が陸上自衛隊向けだ。人員は五〇〇名ほど。オーバーホールも含め一元的に事業を展開している。

戦前戦中はトラクターや航空基地建設用ブルドーザを製造し、終戦までに各種軍用車両を一〇〇〇両ほど納入している。弾薬に関しては、陸軍向け高射機関砲弾やりゅう弾を生産していた。

戦後は昭和二七年から四年間にわたり、米軍特需として二〇〇〇万発を超える各種弾薬を生産したが、朝鮮戦争末期だったため実際には使われなかったという。

防衛庁の発足後、昭和三〇年には装甲車両の試作に参加し、昭和三五年に本格生産を開始する。それ以降、装甲車両を中心とした各種戦闘車両・支援車両の開発・生産に従事している。

現在の量産機種は、軽装甲機動車、96式装輪装甲車、87式偵察警戒車、化学防護車、施設作業車、掩体掘削機など多岐にわたる。

小松製作所は防衛力の維持・強化に必要な優秀な装備品を提供し続けている。

弾薬は戦車砲用、野戦砲用、迫撃砲用の各種を製造している。

特機事業の悩みは、やはり先が見えないことだという。とにかく防衛大綱が策定されなければ動けないのだが、その防衛大綱は平成二一年の政権交代により一年先送りされている。そのため計画が立てられないので、その間をどうするかが課題となっている。どこも同じ事情なのだ。

同社に占める防需の売り上げは二〜三%程度である。しかしコマツ特機事業本部でも、「何か役割があるはずなので……」と、なんとかして事業を継続しようと自助努力で踏ん張り、技能や技術の向上を図っている。

特機事業本部の方は言う。

「自社研究を続けていますが、先が明るいかと言えばなかなか難しいところです。大綱で、砲も戦車も三割削減という方針になっています。そうなれば非常に厳しくなります」

どのように防衛装備品の生産基盤を維持するかは、ここでも苦労している。技能を持っている技術者が定年でやめる前に後継者を育成し、機械化を進めているというが、まさに一〇年、二〇年先を見据えた取り組みである。

これだけ企業側で事業存続の努力をしているのに、官側に梯子を外されたら、たまったものではないが、それでも「企業の勝手」ということでは、あまりにも気の毒である。

さらに開発者の維持も課題である。

「防需は製品サイクルが長いので、民需に比べて新規開発の機会が少ないのです。常に社で自主研究を行なうように努めています」

コマツのような民需の割合も大きく、余裕がありそうな企業であっても、結局、最後は技能や技術を持った「人」の維持がなされなければ、将来はそれまで積み重ねてきたものがすべてゼロになってしまうことは同じである。

民需は景気に影響されやすく、今はその需要が落ちているので、逆に民需の作業者が特機事業本部に応援に来ているという。しかし特機の仕事が空いてしまうと、特機の人が民需に動くことになり、技術の継続は難しくなる。特機事業本部の努力が果たして実を結ぶのかどうか暗中模索が続いているのだ。

一〇〇％官需企業の苦悩――IHIエアロスペース

群馬県富岡市にあるIHIエアロスペースを訪ねた。ここはほぼ「一〇〇％官需」の企業で、しかも「宇宙と防衛」だけを担っているという特殊性を持っている。パンフレットにも「主なお客さま」として「防衛省」と「宇宙航空研究開発機構（JAXA）」とあり、うち防衛省は六〇％を占めているという。

前身は東京・荻窪の中島飛行機原動機工場で、大正一三年（一九二四）に創業された。終戦後は富士産業、その後、富士精密工業としてロケットの研究開発に着手し、ペンシルロケット一号機発射試験を行なった。

昭和三六年（一九六一）にはプリンス自動車工業として営業を開始し、翌年には空自の七〇ミリロケット弾の生産も開始している。

昭和四一年に日産自動車と合併。昭和四五年にL-4Sロケット五号によるわが国初の人工衛星「おおすみ」の打ち上げに成功し、翌年からは70式地雷原爆破装置の生

IHI エアロスペース。世界でも最大級の三段式固体ロケットを開発し、米国とBMD(弾道ミサイル防衛)の共同開発にも参加。

産を開始した。

昭和六〇年には、M‐3SⅡロケット一号機・二号機によるハレー彗星探査機「さきがけ」「すいせい」の打ち上げに成功し、翌年にはH‐Iロケット一号機を打ち上げ、また海自のチャフロケット弾MK182MOD1Jの生産も開始した。

さらに平成五年（一九九三）には地雷原処理車システム（MBRS）の生産を始め、翌六年に多連装ロケットシステム（MLRS）の生産（ロッキード・マーチン社のライセンス国産）を開始している。

平成一〇年（一九九八）、これまでの荻窪から移転し富岡事業所が竣工したが、カルロス・ゴーン氏が日産のCOO（最高執行責任者）になると、同氏の合理化方針により日産の防衛・宇宙部門は事実上切り離されることになる。これは防衛技術や世界に数社しかない固体燃料ロケットの開発メーカーに、ルノーという外国資本が入ることを忌避する意向も働き、防衛・宇宙部門は平成一二年に石川島播磨重工業傘下のアイ・エイチ・アイ・エアロスペースとして営業を開始することになった。平成一三年（二〇〇一）にはH-ⅡAロケット一号機打ち上げ、平成二〇年に石川島播磨重工業が社名をIHIと変更したことに伴い、こちらも社名をIHIエアロスペースとした。

防衛部門について言えば、MLRS発射機の調達終了にともないオーバーホール事業に移行しているという。

ところで装備品のオーバーホールは一～二年かけて行なわれるが、「ピカピカの新品のような姿」で部隊に戻ってくるわけではなく、イスのクッションは破れてボロボロのままだったりするという。なぜか？　答えは簡単。お金がないからだ。確かにクッションが破けていても防衛上の支障はないが、どこか虚しい……。

宇宙開発も「仕分け」でストップ

同社の宇宙開発の売上げ高は、規模が大幅に縮小している。

「厳しいですね、実に厳しいです。GXロケットも仕分けられてしまいましたから……」

と担当者は漏らす。

GXロケットは官民協力で開発を進めていたロケットで、液化天然ガス（LNG）を燃料とする新型エンジン利用の中型商用ロケットだ。

平成一五年度に開発が始まり、国産のH-ⅡAロケットが打ち上げられない時の代替としての用途もあるという。情報収集衛星など、安全保障分野での活用も想定されたものだ。

ところが、「事業仕分け」によって、巨額の税金を投入して新型ロケットの開発を続けることは「不適切」と判定され、事業廃止となった。

しかし、その後、税金の投入額を実際の倍以上に記載していたなどの事実誤認や説明の不備が次々に判明。論議を呼んでいる。

税金を使ったとされる七〇〇億円のうち四三〇億円は、JAXAと共同開発してきたIHIなどの民間企業や米国側が投資したものだったのだ。

ことほど左様にすぐに結果の出ない宇宙開発という分野が、すなわち「無駄」だという考え方が国のトップレベルで行なわれているのだから、日本の科学技術進歩の可能性は悲しいかな程度が知れるというもの。

また、私はとっても疑問なのだが、よく日本は米国に依存し過ぎるといった意見を聞き、心情的には理解できないとは言わないが、米国が宇宙における「絶対的優位性」を譲らない現状において、果たしてどのように安全保障上の「独立」が可能になるのだろうか?

北朝鮮の弾道ミサイルにしても、情報はすべて米国頼みなのが現状なのだ。自主自律的な防衛政策を推し進めようというならば、わが国の科学技術の潜在能力を掘り起こし、それこそオールジャパンで取り組むくらいの心構えがあって然るべきだと思うが、宇宙事業への予算を渋るという思考構造は、どうしても理解に苦しむ。

ライセンス国産の苦労

現在、IHIエアロスペースは、米国とBMD(弾道ミサイル防衛)の共同開発をしている。これは「武器輸出三原則」の例外である(※二〇一四年現在)。同社は二段目と三段目のロケットモーター部分を担当している。

「もともと技術があったからこそできたのです」

日本には技術ないの? では教えてあげましょう、というわけにはいかないのだ。固体燃料ロケットの生産の苦労は、国内にまったく類似品がないので、独自に最初から製造する必要があることだ。そのためには自社で一から始めなければならない物が多く、その製造技術者育成には時間がかかる。また、同様の理由で協力会社も限られている。

「米国の部品をベースにするので、ある部分は米国から買わなければならないのが難点です。輸出規制にかかってしまうものがあり、生産が終わってしまうリスクは常にあります」

米国は有事になると輸出規制をし、自国の軍に必要なものを優先的に取っていくので部品が手に入らなくなることもあり、過去に納期遅延を起こしてしまったことがあるという。納期が遅れれば、当然手痛いペナルティが科せられる。

BMDのケースのように共同開発は、予算的にも技術的にも日本一国では無理なものが開発できるメリットはあるが、共同開発国が他国に製品を販売することになった場合に、日本はその利益を受けられないなどの、今後の課題もありそうだ。

ライセンス国産についても話をうかがってみた。

「ライセンス国産の苦労は、肝心なところが見せてもらえないことですね。防衛に使われているGPS機能などはトップシークレット扱いで、ブラックボックス化されており修理もできません」

建前上は最初に政府間の合意があって初めて兵器の技術移転が可能となるのだが、そうなると相手国に「欲しいんだろう」と見透かされて価格をつり上げられてしまう。だから本当は、政府が交渉する前に手を打てればいいのだがと話してくれた。「ブラックボックス」も、実際は契約するまでわからず苦労が多いという。

ライセンス料に関しても、契約時期と支払い時期がずれると、金利がついてしまい差損が生じるという問題点もあるようだ。

ちなみに陸自の対戦車ロケット弾はドイツのライセンス国産、海自のチャフ（レーダー欺瞞用の金属箔）はイギリスのライセンス国産というケースもあるが、相対的に米国とのライセンス国産が最も多い。

防衛省でも宇宙開発への取り組みが始まったが……

「技術力も抑止力の一つです。わが国が固体ロケットの技術者を自前で持っているということは、周辺国に対する大きな抑止力です。米国にも専門家はそんなに多くはいません」

この宇宙ロケット開発に関わる人材の育成は外国に頼むわけにはいかない。社内で育成する必要がある。これまでの防衛産業と同様、作る物がない中で非常に厳しい現状だ。

かつてM－Vロケットの開発に携わった人が五〇代という今、技術者として脂が乗っている時期に何も作らないことになる。

わが国は、これまで一九六九年（昭和四四）の「宇宙の平和利用に関する国会決議」により宇宙開発を非軍事目的に制限していたが、二〇〇八年（平成二〇）の「宇宙基本法」の制定によって、目的の一つに「国際社会の平和・安全の確保、わが国の安全保障に資する」ことが明記された。

そのため、今、防衛省でも宇宙開発に向けての取り組みが始まっているが、これだけ防衛予算が縮減される中で、さらに宇宙に手を伸ばす余裕がないのも事実だ。このままでは、せっかく宇宙開発分野の安全保障への道が開けたというのに、他の装備の予算が削られるのではないかと、案じなければならない。

本来、装備のネットワーク化やシステム化を進めるべく導入される分野であるのに、その装備に影響するとなれば、本末転倒以外の何物でもない。立脚点に立ちかえり、予算の振り分けなど考慮されるべきではないだろうか。

ところで、同社には何か終始、ピンと張りつめた空気があったように感じた。上州のからっ風のせいだろうか？　確かに、赤城おろしが肌に刺すようであったが、それだけではない。

この会社全体に通じている情報保全の厳格さが、そうさせているのかもしれない。その教育は厳しく、一人一人の自覚は極めて強いという。一部の社員は米国以外の海外に行くときは、詳細に申請しなければならないなどの制約が設けられている。

「日本の安全保障の一端を担っている企業にいるのだという自負があります。この事業基盤が崩れぬよう、懸命に努力するだけです」

宇宙・防衛分野の縮小に伴い、社員の給料は厳しい状況が続いているという。「うちだって！」と、いう反論もあるかもしれない。しかし問題は、国家の最高技術と機密を持っている人々を国がおざなりに扱うことのリスクであろう。

日本の企業倫理や、個々の日本人の誠実さに甘えているが、本当にそれでいいのだろうか。冷遇したら「そっぽ」を向かれても文句の言いようがない。

今後、世界の宇宙開発競争が新たな局面を迎えるにあたり、日本の技術者をどのように守るのか、それは国家防衛そのものと言えるのだろう。

第11章　国内唯一の小口径弾薬メーカー

何度も社名が変わった旭精機工業

私も数年前までは、ほとんど知らなかったので偉そうなことは言えないが、自衛隊という組織は、まだまだ世の中ではあまり知られていないようだ。

平成二一年（二〇〇九）の「事業仕分け」において、訓練用の弾を輸入に切り替えてはどうかという話が出たのは、その証左と言えるのではないだろうか。

実際「輸入の方が安い」というのは認識の誤りで、必ずしもそうではないのだ。米軍が米国で購入しているのと同じ価格で、日本に売ってもらえると思ったら大間違いなのだ。輸送などの諸経費を含めると、かえって割高になりかねないのである。もちろん、まとめ買いをするなどして低価格化を図るという方法を検討することに異論はないが……。そのあたり調達に関する諸問題については次章で考えてみたい。

弾薬を輸入するという話が持ち上がり、まず思い浮かべたのは、時折、陸上自衛隊で起こる「弾の紛失騒動」だ。自衛隊に納入される弾薬数は厳格に決まっており、部隊には常に決められた数の弾しか存在しないので、数が一つでも合わないとなると、ただならぬ騒ぎになる。

こうした事案が起こると、どうなるかというと、まず即座に警務隊が取り調べを開始し、足りない一つが発見されるまで捜索することになる。見つかるまで何日でも何カ月でも続けられるため、訓練にも支障が出るし、隊員の精神的な負担も著しいのだが、これが陸上自衛隊における「常識」なのである。

しかし、こうした姿勢こそが、自衛隊が「憲法違反」などと言われながらも、国民の信頼を得て、その存在を確立することにつながったとも言えるのかもしれず、まことに歯がゆいところだ。

このように弾一個なくなっただけで大騒動になり、訓練後、薬莢をすべて拾い集めている軍隊は、おそらく世界中探しても他にないだろう。普通は、なくなるのは当たり前くらいの感覚なのであり、海外では製造段階でも同様なので、過不足が生じることなどは日常茶飯事である。

日本では、弾を紛失した疑いがある場合、それが納入された時から足りなかったのか、あるいは、納入後のことなのか、ここは非常に大きな問題となる。

そこで、納入時には一〇〇％完璧な状態にするため、弾薬メーカーは涙ぐましい努力をしているという。

旭精機工業。一見して弾薬を製造しているとは想像できないごく普通の社屋。

愛知県尾張旭市にある旭精機工業に行けば、その「涙ぐましい努力」がわかるということで、私は現地へ向かった。ここはこれまでご紹介した弾薬よりも小さい小口径銃弾などを製造している企業だ。

旭精機工業もやはり歴史のある会社で、戦前から弾薬製造に関わってきた。前身は陸軍砲兵工廠や海軍工廠などに工作機械や兵器製造機械を納入していた大隈鐵工所で、支那事変勃発の昭和一二年（一九三七）に、海軍艦政本部から、それまでの銃弾製造機械の納入実績を認められ、機銃弾そのものの製造も命じられることになる。

大隈鐵工所は、ただちに技術者をドイツのフリッツ・ワーナー社に派遣。昭和一三年には七・七ミリ機銃用製造機械を発注し、翌一四年には一三ミリ銃弾用製造機械を発注。これらにより作られた機銃弾はその後主にゼロ戦に搭載されていたものだ。

旭精機工業の沿革を見ていくと、何度も社名が変わっている。これ自体は珍しいことではないが、同社の場合、その時々のエピソードに興味深いものがある。

たとえば、昭和一六年、開戦二カ月前に大隈鐵工所旭兵器製作所として発足するが、開戦後、銃弾の生産は旭兵器製造株式会社という別会社で行なっている。

この分離独立は、もともと大隈鐵工所は陸海軍の双方に工作機械や兵器製造機械を納めていたが、海軍のために銃弾製造工場を新設したことが陸軍としては我慢のならないことだったようで、そこで止むなく旭兵器製作所を別会社としたのだそうだ。陸海軍の鞘当ての影響であった。

そして終戦。勤労学徒など多くの工員が工場を去り、連合軍によって銃弾製造機械はすべて破壊処分せよとの命令を受ける。これにより大部分の機械は残った従業員の手で壊されたが、一部の機械と図面は密かに守られたという。

戦後は旭大隈産業という社名に変更し、繊維機械や部品の製造販売および織布などの製造販売を行なうようになる。

昭和二五年（一九五〇）の朝鮮戦争を契機に、警察予備隊令の公布、旧軍人の公職追放の解除、そして翌年の講和条約、日米安全保障条約調印といった兵器産業再開に向けた流れの中、銃弾製造を行なう企業として白羽の矢が立ったのだ。そこで新たに旭大隈工業として再スタート。ほどなく在日米軍調達本部（ＪＰＡ）から弾薬の発注を受けることになる。

弾が作れない！

しかし、銃弾製造をやめてから、すでに一〇年近くが経っており、そのブランクの影響は思いのほか大きかったという。今まで作っていた弾を作れなくなっていたのだ。一部当時の技術者を再雇用したが、従業員の多くが未経験者で、微妙な加工技術が蘇らない。図面の一部は天井裏に隠しておいたものの、大半の図面は処分させられたことも理由であった。

「型不良」「寸法不良」という絶望的な状態からの再出発であったが、「この契約を完遂することは、将来の命運を分ける」という必死の思いと、日本の技術の威信にかけてもやり遂げなければならなかった。

日夜奮闘し、試作を繰り返して、ついに米軍の初回検査に合格。昭和三〇年四月、戦後わが国で量産した最初の小口径銃弾として出荷されるに至ったのだ。

その後、ＪＰＡからの受注が続き、警察庁からも拳銃薬莢の注文を受けるなど、工場はにわかに活気づいていった。従業員は七〇〇人を超え、地元愛知県はもとより、長野、新潟、岐阜、静岡、遠くは九州各県からも応募者があり、翌昭和三一年には一三八〇人に達したという。

しかし、好事魔多し。ＪＰＡからの銃弾調達中断という情報が入ったのだ。なぜ中断となったのか真相はわからないが、一説によると、その頃保守合同による自由民主党の結成や「経済自立五カ年計画」の策定など、国内政治が安定化する中で防衛問題の論議が遅々として進まぬ日本に米国側が業を煮やし、武器類の自主調達を促すためだったということである。

とにかくこれは大きな衝撃であった。日本側に自主調達を促す、「教育発注は終わった」ということで、昭和三二年に米極東軍司令部より感謝状を拝受したが、それはいわば「三行半（みくだりはん）」のようなもの、会社も従業員も前途を閉ざされることになった。

米軍からの発注がなくなり、やることがなくなった従業員は、もうこれ以上刈り取る草がなくなるほど草刈りをするしかなかったという。折しも世間は「なべ底不況」で、転職希望者を募るなどして、従業員は四五〇人にまで減少、一層沈滞ムードが蔓延してしまったのだ。

重大局面に遭遇した同社は、「とにかく何かをやらなければ」ということで、八ミリ映写機一万台の製造など、できるものは何でも手がけてこの難局を乗り切らねばならなかった。

そうしてしのぐうちにとうとう防衛庁から待望の実包受注となった。保安庁時代から空包の受注は続いていたが、昭和三二年度にようやく七・六二ミリM2普通弾および一一・四ミリ普通弾を受注することができたのだ。

弾薬を製造するには、通商産業省の「武器製造事業許可」が必要で、実包は東洋精機と旭大隈工業（旭精機工業）の二社、空包は昭和金属工業を加えた計三社がその製造を請け負うこととなった。

だが防衛庁が発注した数量は少量であったため、会社を存続させるには民需部門の拡大が不可欠で、プレス機製造など新規事業の開拓に努めたという。

NATO弾研究から国内唯一のメーカーに

昭和三三年（一九五八）、防衛庁はNATO弾の試作を東洋精機と旭大隈工業に発注した。

NATO弾とは、冷戦真っ只中の昭和二四年にNATO（北大西洋条約機構）が発足し、西側諸国が共同防衛の姿勢を鮮明にしている中、武器弾薬に関しても加盟国同士で互換できるように規格化が進められ、小銃弾については七・六二ミリ弾（NATO弾）が制式採用された。防衛庁はこの七・六二ミリNATO弾が今後、世界の主流になると考え、二社に五〇〇〇発ずつ発注したのだ。

試作品の開発にあたり防衛庁は厳しい条件を二社に課した。それは、NATO弾使用の小銃および開発中の国産小銃（64式小銃）と機関銃（62式機関銃）に共有できること、日本人の体格に合った反動の少ないソフトなもの、しかも命中精度は高くする、というものだった。

苦心の末、旭大隈工業は通常のNATO弾よりも一〇%ほど発射薬量を減らした減装弾「七・六二ミリM80普通弾」を完成させた。

しかし、当時の発注量では二社の生産能力を十分に満たすものではないため、国家的な見地からも両社を一本化した方がいいということになり、昭和三四年に、通商産業省の主導で二社の合併が図られた。協議の途上で、東洋精機側が銃弾製造事業を打ち切ることを決めたため、旭大隈工業が東洋精機の営業権を譲り受けることで落ち着いた。

かくして旭大隈工業は名実ともに国内唯一の小口径銃弾メーカーとなり、昭和三六年に旭精機工業という現在の社名に変更した。

「国内唯一」ということは、「一社独占」ということでもあるが、それは、銃弾製造という国防上重要な役割を「一身に背負う」ということでもあり、プレッシャーは極めて大きかった。

海外製の製造機を通して学んだもの

銃弾（カートリッジ）の性能を左右する主要構成部品は、弾頭（ブレット）、発射薬（パウダー）、雷管（プライマー）、薬莢（ケース）からなるが、発射薬は旭化成工業（現旭化成ケミカルズ）から供給を受け、弾頭と薬莢は自社製で賄っている。

雷管は中央火薬火工と帝国火工品製造の二社が受け持っていたが、昭和三四年に中央火薬火工が廃業してしまった。昭和火薬製造に肩代わりしてもらっていたが、同社の工場移転で雷管の製造が中止となり、帝国火工製造一社のみとなった。

追い打ちをかけるように、帝国火工製造が吸収合併され、雷管製造工場の閉鎖を打ち出してきた。

こうした紆余曲折があって結局、昭和四八年、新たに昭和金属工業が雷管の製造を引き継ぐことになり現在に至る。このように製造メーカーが限定されるため「いつどこが撤退してしまうのか」という不安が常につきまとうのだ。ちなみに昭和金属工業は現在も空包を製造している。弾薬製造の運命共同体とともに辛くも歩んできた昭和史である。

また昭和四五年（一九七〇）には、それまで戦前に設計された設備を使っていたため機械の老朽化が進んでいたことから、設備の更新を行なうことになった。

しかし、国内には銃弾製造機械を作るノウハウはない。そこでいろいろ検討しフランスのマニュラン社製の機械を一四台導入することになった。

実際に機械を動かしてみると、さまざまなトラブルが頻発したが、技術者たちの長年の経験で乗り越え、翌年には本格稼働することになった。

マニュラン社との契約は機械の購入のみで、技術指導費は含まれていなかったらしい。どうも「お金がなかったのではないか」ということであった。マニュラン社側は「技術指導を受けないで機械を動かせるはずはあるまい」と踏んでいたようだが、ごく短期間で日本人が見事に使いこなしていることを知り、大変驚いたという。

この機械、工場では今でもちゃんと鎮座ましましていた。もちろん、何度かのオーバーホールを経ているが、それも同社で行なったという。

しかし、この時、大変苦労した経験を先輩から教えられたことが、今でも生きていると技術者たちは口を揃える。「あの時あってこその今」だということであった。

弾薬は均一性が命

「弾薬は均一性が命です」

社長の山口央（ひろし）さんは言う。

「一〇個のうちの九個大丈夫でも一個ダメならダメなんです。それは他の商品でも同じですが、他の商品は残りが使えますが、弾薬はロットになっています。たった一発のダメな弾が狙ったところに当たらなければ、射手は照準を変えてしまうので、残りの問題ない弾も当たりません。だから、すべての弾がOKじゃないとダメなんです」

同社が民需部門でも実力を発揮できたのは、多量なものを均一な品質に作り上げる技術があってこそであった。たとえば、今現在、同社で最も需要があるのは、クオーツ時計の音叉型水晶振動子用部品だというが、これは弾薬作りの技術があればこその成果で、多量のものを均一に作る技術の応用だという。

同じものを均一に作り、それを確実に確認する銃弾製造の技術、能力を民生品にも活かしているのだ。

また、弾は銃とマッチングして初めて成功と言えるもので、すべてを満足させるまでは大変な努力と苦労を要するという。

規格が同じならばOKなのでは?という見方もあるが、弾は、ただ発射できれば良いものでなく、限りなく精度が問われるのだ。ある時は当たるけど、ある時は当たらないとか、撃つたびに感触が違うといったことがあってはならない。銃器との微妙な適合性と均一性が求められるのである。

発射薬を決めるまでは、何年もかかる。作ってはトライを繰り返して検証していかざるを得ないのだ。

工場を見学して何より驚いたのは、数量と品質管理に対する徹底ぶりだった。どの工程を見ても確認につぐ確認で、「そこまでやるのか」と思わず口をついて出るほどだ。

重さ、長さ、大きさ、数、それぞれを各工程で質量選別機で計り、また寸法選別機で計り、さらに人の目で確認。検査は女性が担当する所もあったが、目視点検は一般的に女性が適任だという。二〇～三〇分交代で、検査中は瞬きすらせず、といった面持ちであった。

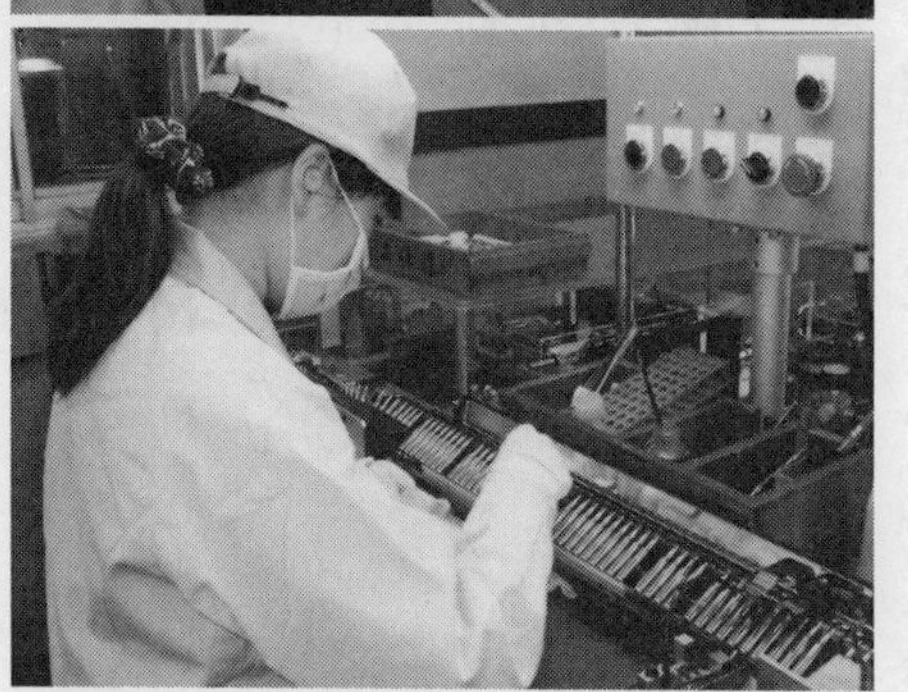

薬莢を目視で確認し(写真上)、実包も同様に1個ずつ確認していく。

そして、それだけではなく、最後は、なんとX線での検査をするものもある。X線に弾薬の入った箱を通して、数に間違いがないか最終チェックするのだ。

定数装置でまず検査をして、箱に入れ、X線検査という具合だ。

これは、検査の厳重さを期して投入された「最終兵器」と言えよう。まことに恐れ入る。ちなみにここで数が合わないと、それを知らせるブザーが鳴ることになっているが、これまで一度もそのブザーが鳴ったことはないという。

また、昭和金属から来た雷管も、すでに厳重なチェック済みだが、それをさらにもう一度ここで確認しているという慎重さだ。

とにかく各過程で、毎回毎回、数や重量を計っているので、見て回った私は、何か同じ夢を繰り返し見ているような感覚になった。

終業時には、検査で弾かれたものも含めてすべて数をかぞえて、数量を合わせて帰るということであった。この徹底ぶりは「凄い」としか言いようがないが、そこには日本の小銃弾メーカーとしての謙虚で、かつ誇り高き矜持が垣間見えた。

そして、国内の治安に対する考え方は誰よりも神経質だ。

「もし弾を納入した部隊で『一発足りない』という事態が発生したら、それが最初からなかったのか、どこかの過程でなくなったのか、徹底的に検証しなくてはなりません。私たちは『最初からなかった』ということは絶対にあり得ないシステムを作ってきたんです」

旭精機工業の皆さんにとっては、自分たちが担うのは「国民が安心して暮らすための兵器」にほかならない。国民が不安になってしまうようなことはあってはならないという考えが、旭精機工業の全社員に染みついているのだ。

「これは海外には絶対ないやり方です。逆に海外では、この部分を評価してはくれないでしょうけど」

と山口社長は苦笑するが、X線検査機をはじめ、いくつもの検査機器はすべて同社の企業努力で導入しているのである。一民間企業が行なうここまでの努力に対して、これもまた「企業の勝手でしょ」で済ますのだろうか。こうした見えない投

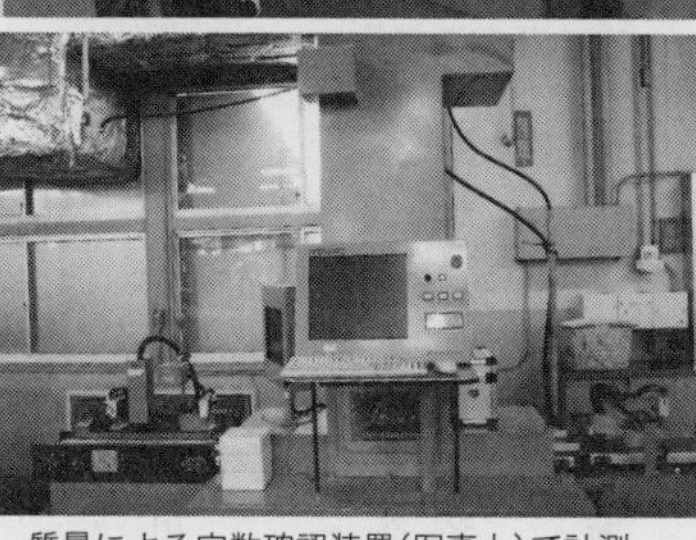

質量による定数確認装置(写真上)で計測。最後にX線検査(下)することもある。

資を知れば頭ごなしに「国産品は高い」と断言することはできないのではないだろうか。

こうした現状を鑑みれば、信頼性も製造過程も違う外国製品を輸入した場合、国内にいらぬ混乱や余計なコストを生じさせる可能性が大きいだろうと想像できるのである。

もし弾薬の国産化を断念すれば、その製造能力は途絶えるだろう。たとえ再開することになっても、前述したように、ＪＰＡから発注を受けた時に製造を軌道に乗せるまでに長い時間かかったという事例は示唆的である。

「やはり、やっていないと技術は維持できません。現物に合わせて技術は磨かれるのです」

先の事業仕分けでは、有事になったら海外から銃弾は買えなくなるから、国内基盤を残すべきだということは、ある程度の理解を得たようだが、それなら訓練用弾はどうか、という話になった。

しかし、訓練と実戦が別の弾でいいのだろうか？　それでは「本番」の時に一度も使ったことのない弾を使うということに等しい。

そして、実はいま防衛省が購入しているのは多くが訓練用弾なのである。有事のための備蓄用は実際ほとんど買えないのが現状だ。

それにしても、私はここで強く感じたことは、「技術」というものはハイテク機器やITといったものだけではなく、むしろ「同じものを同じように作る」ことかもしれない、ということだ。

これまで見てきたいずれの工場でもそうであったが、そこにいる人たちすべてが、「同じ気持ち」で「誠実に」取り組まなければ完璧な製品はできない。これができるのは日本の強みだと誰かが言っていた。個人の成果が重んじられる国では、チームプレーは難しいのだという。

日本人の考え方も変わってきてはいるが、「続けてきたからこそ、手抜きは一切できない」という心一つで、物作りの伝統は受け継がれているのだ。

「いい弾ですね」と部隊で言われた時が一番嬉しい

話は前後するが、弾薬は品質や数量の管理以外に、開発にかかる労力も並大抵ではない。

通常で少なくとも五～一〇年の開発期間を要する。新型の89式小銃に使われる五・

五六ミリ小銃弾は、十数年かけて開発したという。中でも難しいのが銃とのマッチングで、ありとあらゆる条件下で試験され改善に改善を重ねるのだ。

開発関係者の方に聞いてみた。

「それだけ長く関わると、愛着も相当じゃないですか？」

すると、

「もちろん、私たちにとっては子供です。可愛いです。子供が何か起こさないようにそればっかり考えています」

山口社長は言う。

「弾は均一性が命だと何度もお話ししましたが、それを言わしめているのは、うちの開発担当者らが作りあげた製品への信頼です。これが私の安心の源です」

「開発者にとって、一番嬉しい瞬間は製品が完成した時ですか？」

と聞くと、

「『いい弾ですね』と、部隊の人に言われた時が一番嬉しいです」

そう言って、愛(いと)しそうに銃弾の見本を見つめていた。

そういえば、自衛隊では使えなくなって処分する弾を「不用弾」と呼んでいた。ところが、その呼び方は止めようということで、「退役弾」に改称したと聞いたことがある。耐用年数を経過してリタイアする装備品は「退役」と言われているが、なぜか弾だけは「不用」と言われていたのを、弾に失礼だということでの配慮だったようだ。

私はこの工場に来て、その気持ちがわかるような気がした。

帰り際、こんなことを聞いた。

「社長が、事業仕分けの様子をテレビで観ていて、一番がっかりしたのは、仕分け人の誰かが『弾ぐらいは……』と言ったように聞こえたと言うんです。弾ぐらい……俺たちのやっていることは、そんなふうにしか思われてなかったのかって……」

それは、たった数センチに満たないものである。しかし、その小さい弾に人生を懸け、懸命に生きている人たちがいる。

彼らは今この瞬間も、日本のために、新しい弾の開発に励んでいるのだ。

まとめ　防衛装備品調達の諸問題

装備品国産化の方針

わが国は装備品の国産化を基本方針としています。その根拠は以下の通りです。

『装備の生産及び開発に関する基本方針（昭和四五年七月一六日　防衛庁長官決定）』

「国を守るべき装備は、わが国の国情に適したものを自ら整えるべきものであるので、装備の自主的な開発及び国産を推進する」

『平成八年度以降に係る防衛計画の大綱』

「装備品の整備にあたっては……適切な国産化を通じた防衛生産・技術基盤の維持に

配慮する」

『平成一七年度以降に係る防衛計画の大綱』

「装備品等の取得にあたっては……わが国の安全保障上不可欠な中核技術分野を中心に、真に必要な防衛生産・技術基盤の確立に努める」

といったように、わが国では装備品国産化の方針を掲げていますが、現在の国内防衛産業の状況を改めてまとめてみます。

国内防衛生産・技術基盤の特徴

（1）工廠（国営工場）が存在せず、生産基盤のすべてと技術基盤の多くを民間企業（防衛産業）が担っている。

（2）防衛省向け生産額が、わが国の工業生産額に占める割合は一％以下であるが、生産に関連する企業数は多く、中小企業を中心に広範多重な関連企業が存在する（戦闘機約一二〇〇社、護衛艦約二五〇〇社、戦車約一三〇〇社）。

（3）防衛産業の防需依存度は四％程度（関連企業五七社への調査に基づく）である

が、売上げ総額が小規模な企業の中には防需依存度が五〇%を超えている企業も相当存在する。

（4）市場が国内防衛需要に限定され、量産効果が期待できない。

（5）少量・受注生産で初期投資が大きく、特殊かつ高度な技術力が必要であり、個々の装備品を開発・生産できる企業は一社～数社に限定される。技術者の養成にも多くの時間が必要とされる。

このため、一企業の撤退が、わが国における防衛基盤・技術基盤の欠落に直結する。

（6）これまでの装備品の製造・開発実績により、先進的な装備品を開発し得る一定の技術力を保有している。

スピンオフとスピンオン

防衛装備品の技術が民生品に活かされる事例（スピンオフ）および、逆に民間技術が防衛に応用される事例（スピンオン）が増えています。

わが国の場合は、時々刻々と進歩を遂げる外国の装備品とは違い、「制式化」といった最初のモデルを大きくは変えないという標準化手法がとられていたため、技術の進展に合わせた装備品の改善が遅れていたことも否定できません。「制式化」に代表される標準化手法は、装備品の統一性を図ることはできますが、一方で技術発展に置いていかれる可能性もあるため、防衛省ではこの方式の改善を進めています。

《スピンオフの例》

・「チタンボルト成型加工技術」が医療用チタンボルトへ応用
・「航空機用角度センサー技術」がカーエンジンモーター用センサーへ応用
・「アンチ・スキッド・システム技術」が自動車用ABS（アンチロック・ブレーキ）へ応用
・「戦車の高精度追尾技術」が遠隔監視システムへ応用。
・「戦車や火砲の砲身製造技術」が原子炉タービン軸へ応用。

《スピンオンの例》

・「携帯電話基地局向けGaN半導体素子技術」が「艦載型対空レーダの能力向上技術」へ応用
・「炭素系複合材料」が航空機、ミサイルなどの「航空機構造材料」へ応用
・「光ファイバー」が「96式多目的誘導弾システム」（誘導弾有線誘導、ジャイロな

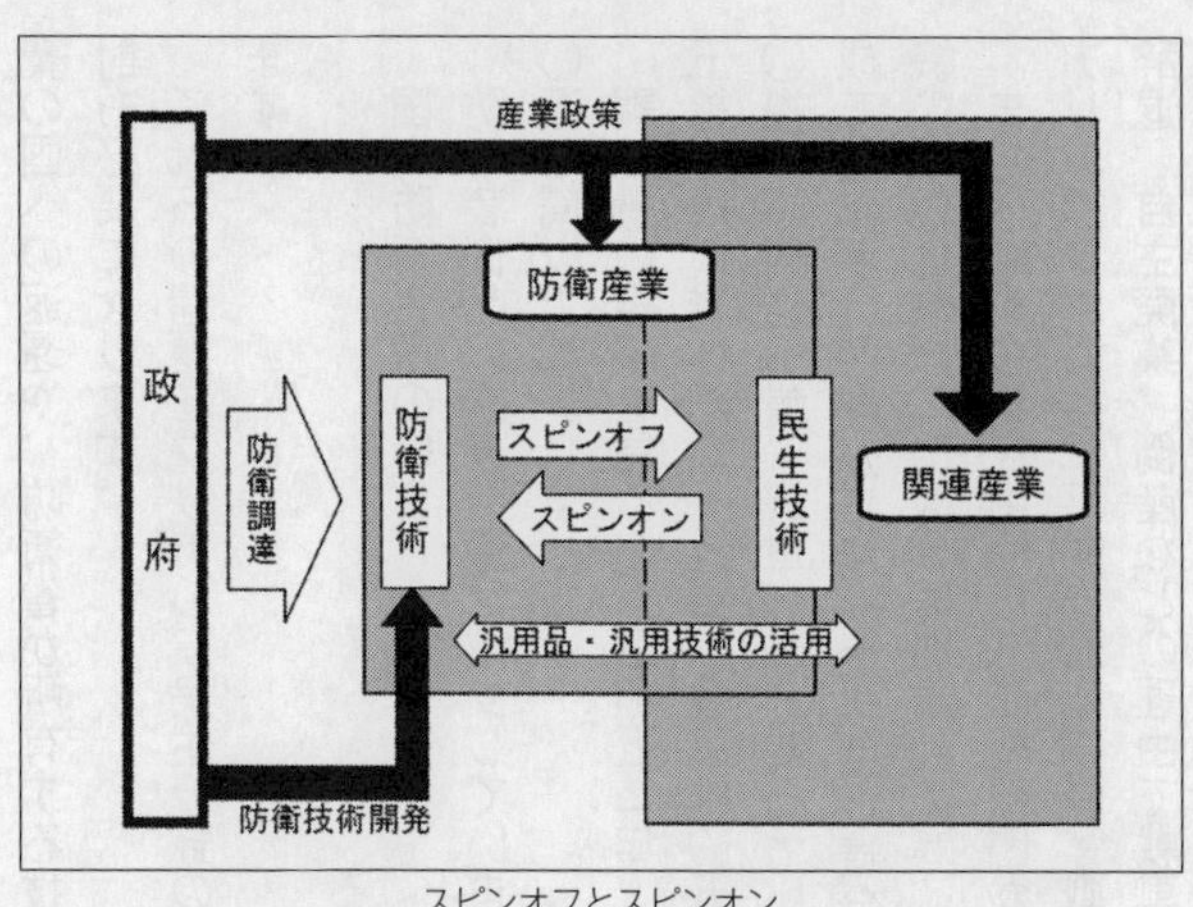

スピンオフとスピンオン

ど）へ応用

スピンオフは、とくに航空機分野での拡大が期待されています。たとえば川崎重工が開発しているC-2次期輸送機やP-1次期固定翼哨戒機などを民間輸送機として活用したり、新明和のUS-2飛行艇を救難・消防飛行艇として使用することが提案されています。

山火事が多い国や離島での使用を見込んでのことですが、そうした機体を必要とするのは発展途上国が多く、整備要員の育成などにかかるコストを考えると、本当に買えるかどうかという根本的な問題もあります。

また他の課題としては企業による開発経

費の国への返還や、防衛省が所有する技術資料、試験結果の開示と使用についての検討も必要になります。

これらの問題をクリアし、民生分野の活性化に資する施策を講じることが期待されます。

国内防衛生産のいま

防衛装備品の調達数量は減少しています。工場の年間操業時間は、過去五年で一八〇万時間以上減少しました。

調達量の推移を見ると、昭和五二年〜六一年には、年間平均で、戦闘機は約一八・五機、護衛艦は約二・八隻、戦車は約五八・四両だったのが、平成二〇年は、戦闘機〇機、護衛艦一隻、戦車九両となっています(戦闘機に関しては、F-2戦闘機の平成二〇年度分四機が平成一九年度調達分とあわせて一括調達され、また、F-15戦闘機の近代化改修二〇機分は別途計上)。

また、中小企業を中心に、防衛部門からの撤退が増えています。三菱重工からのヒアリングによれば、平成一五年以降、戦車の関連企業で三五社以上が事業撤退、生産辞退、自主廃業、倒産などの理由で戦車製造から手を引いているのが現状です。

それでは、あらためて、わが国の調達の仕組みや制度をまとめてみます。

調達の形態

《国産》
形態……………日本国内で独自開発・生産
メリット………生産基盤維持
　　　　　　　後方支援（部品供給・修理）能力向上
　　　　　　　わが国固有の使用要求が可能
　　　　　　　技術基盤強化
デメリット……開発リスクがある
　　　　　　　取得開始までに長期間必要

《ライセンス国産》
形態……………外国からの技術導入により日本国内で生産
メリット………後方支援（部品供給・修理）能力向上
　　　　　　　わが国固有要求の織り込みも部分的に可能

デメリット…技術開示範囲に制限あり
ライセンス料、開発分担金やロイヤリティなどを払う必要あり

《輸入（FMSを含む）》
形態…………海外メーカーからの購入、海外メーカーへの開発・生産委託
メリット……開発リスクなし（既存品の場合）
国産に比べ早期に取得可能（既存品の場合）
デメリット…重要技術非開示（ブラックボックス）
運用・支援で不具合（国内改修困難、部品入手に長期間かかる）
価格が不透明（割高となる可能性が高い）

輸入に関しては、一般輸入とFMS（Foreign Military Sales）という制度があります。FMSは日本語で「有償援助」と言います。

これは米国防総省が行なっている制度で、米国製の兵器を有償で提供・輸出するもので、輸出窓口となるのは、兵器製造メーカーではなく、米国政府となっています。政府が窓口になることで、価格の低下や教育・訓練の提供を受けることができます

が、米国政府の許可が得られても、実際に輸出されるまでの時間が読めないという問題点も指摘されています。

調達の仕組み・問題点

調達の透明性・公正性という観点から、防衛省では一般競争入札を拡大していますが、問題もあります。「安かろう悪かろう」の粗悪品が納入される怖れがあるからです。

自由競争入札を安価で落札した業者が納めた陸自用の手袋が一回洗濯しただけで色落ちしてしまった、などの話を聞いたことがあります。

このように、高額な装備品から自衛隊施設内の弁当屋さんに至るまで、とにかく「透明化」を図ろうと、自由競争入札を採用するようになっていますが、高度な装備品に関しては防衛秘密維持の観点から、随意契約と自由競争入札を適材適所で取り入れることが望まれます。

また、価格だけでなく、それ以外の競争要素（付加価値）を総合的に評価する「総合評価方式」を検討することも必要でしょう。

装備品調達のプロが育たない

最新の情報や総合的分析力を必要とする「装備品調達」に関して、官側主導の現在の態勢では無理があります。平成二二年度概算要求の中で、装備施設本部内にコスト低減と品質向上を目指す「企業調査課」の新設が謳われるようになりましたが、現状はまだ手探り状態です。

一方、米国では装備品調達の専門官が一〇〇〇人単位で存在するといいます。それも二〇年以上のキャリアと専門分野を持つ人ばかりで、二年ほどで人事異動になる日本の制度と比べると、違いが明らかです。

日本のシステムは、業者との癒着を防ぐ意味もありますが、プロフェッショナルな人材が育たないという弊害もあります。

日本の国情に合わせた装備

自衛隊の装備品は日本の気候・風土に適合させて作られるため、国内での運用には適していますが、仮に輸出などの門戸が開けたとしても、価格面だけでなく機能面でも対応が難しいと見られています。

たとえば、わが国の戦車の重量や寸法は、国内の道路や橋梁の強度、輸送機関の制約などを考慮して製造されている点などがあげられます。

国際活動への対応

平成一九年に自衛隊の国際活動が本来任務化されましたが、それに合わせて装備品の対応は進んでいるのでしょうか？

国際貢献活動に積極的に参加するためには、派遣される国を想定し、これらの国の地形や気象などのデータを収集して仕様書を作成し、あらかじめ専用装備品を整備する必要が出てきます。

欧米諸国は実戦経験が豊富で、すでに各地域での使用を想定し開発された装備品を保有していると考えられます。

日本では、これまでイラク派遣の際は、軽装甲機動車などの車両を改修し、現地の環境に対応してきましたが、今後、国際貢献活動に積極的に参加するためには、派遣先地域の特性に応じて、さらなる改修が必要となることも考えられ、場合によっては輸入に頼ることになるかもしれません。

厳しい審査

国産装備品の開発にあたり、計画審査、システム設計審査、基本設計審査、細部設計審査、関連試験検査、関連審査などの審査があり、それぞれに技術検討会、予備審査、本審査があります。

装備品の開発は、防衛力整備上の穴を開けないためにも、ユーザーである防衛省側と企業とが緊密な連携を図る必要があり、そのため何回もの非常に厳しい審査が実施されます。

一方でこの審査への対応が、企業の負担となっていることも否定できません。書類の量は莫大で、「森林が一つ消えるほど」という関係者の声もあるほどです。

インセンティブの採用

防衛産業が防衛省と契約を結ぶ際には、契約時に契約額を確定しますが、仕様が新しく、その内容が技術的に高度であるため、契約時に金額を確定することが困難な場合に行なわれる「中途確定条項付契約」というものがあります（開発や量産初期段階で採用されることが多い）。

これは、契約の履行の途中までの実績に基づいて、代金の金額を後日確定するものです。

しかし通常は、企業がコストオーバーした場合は、契約時の金額が上限のため、利益は減となります。

一方、企業努力でコストダウンに成功した場合は、その分を防衛省に戻さなくてはなりません。つまり、企業にとっては売上げ減・利益減となるのです。

「契約額よりコストオーバーしたら余分な経費は企業持ちですよ。でも努力してコスト削減ができたら、その浮いた分は返してくださいね」という非常にユニーク（？）な仕組みです。

この方式ではコスト削減の努力がまったく報われません。そこで防衛省は、企業の努力によってコストが削減できた場合、削減額の一部を企業に還元するという方針を打ち出しました。企業のコスト削減への動機づけ（インセンティブ）を高め、調達価格の低減を実現しようとするものです。

平成二〇年に一つの事例があります。コマツが製造した一二〇ミリ迫撃砲りゅう弾は、その製造方法の改良によりコストが削減できたということで、インセンティブが採用されています。五年間で約四億円程度のコストが低減される見込みです。

そう簡単にインセンティブは達成されるものではありませんが、成功事例を増やすことでコスト抑制を推進することは可能です。

また各企業の管理費および利益（GCIP）は、人件費（何人が何時間労働をしたか）、部品などの材料費、そして試験や評価にかかる費用などを加味して決められています。つまり、いずれの防衛産業も得られる利益は決められており、公共事業の中でも透明性が高いと言えるでしょう。

リーマンショック後は、防衛産業は安定性のある分野と目されていますが、長期的に見れば「それ以上にも、それ以下にもならない」つまり成長の見込めない分野に変わりありません。決められた利益率も、これまで見てきたように、防衛部門以外の部署と比べるとかなり見劣りし、企業として存続させられるだけの適正な利益が求められます。

国防を担うという崇高な使命を以てしても、昨今の株主重視・経営優先の傾向の中では、配慮されて然るべき問題と思われます。

このように利益が見込めず撤退する企業が相つぐ現状では、新規企業（防衛装備品の製造に相応しい技術を有した）の参入はさらに見込めません。

ある企業の担当者が、優れた実績を持つ一般企業に防衛部門への参入を促したところ、「防衛省相手ですか？　ウチは結構です。遠慮しておきます（ガチャン）」と、アッサリと電話を切られたといいます。

技術力のある一般民間企業が防衛装備品開発に対して、「魅力を感じていない」という現実を国として真摯に受け止め、今一度「なぜ、どうして国内生産基盤を守るのか」ということを、その原点に立ち返って虚心坦懐に取り組んでいかねばならないのではないでしょうか。

そして、そもそも装備品の調達計画は防衛大綱において立てられますが、予算計上は単年度であることや、「後年度負担」という、いわゆるローン払いがあったり、企業側の「建て替え分」が大きいことも問題だと思われます。

米国の調達改革

軍隊の任務は従来の単純な戦闘行動から拡大して、平和維持やテロ対策など多様なものになっています。軍隊を取り巻く環境の変化に応じて、各国でも装備品調達の効率化を図っています。

米国の調達は継続的に改革が進められ、一九八六年から二〇〇五年のＤＡＰＡ（Defense Acquisition Perfomance Assessment）プロジェクトの前まで、一二八回の改革が行なわれたといわれています。それらはいずれも不祥事対策というより、必要な調達要求評価を行なうにはどうするか、調達価格の高騰やスケジュールの遅延、期待通りの性能が得られない場合にどう対処するかなどの問題点を解決するための改革といわれています。

二〇〇五年以降のＤＡＰＡプロジェクトを受けて、さらなる改革が実施され、国防総省職員のみならず、学界や産業界の有識者を集めて基本問題から検討しています。

わが国の調達と今後の方向性

まず国の方針に基づき、国産化と研究開発基盤の育成を前提とすべきでしょう。それらを継続するためには、企業の収益を上げなければなりません。

防衛予算の縮減や調達装備品の減少は、企業にとっては死活問題で人員の削減や効率化、コスト抑制をしなければならず、負のスパイラルに陥ります。

それを避けるためには、安定した収益を上げる体質作りが必要なのです。官側には、調達数量の保証と利益率の見直しが求められます。

一方、装備の国産化は前提ですが、現実的にはすべての装備品を国産化するのは不可能で、今後は「選択と集中」によって、国産化すべき防衛技術を絞り込むことが防衛省では検討されています。

しかし「何を輸入し、国産にするか?」という決定は、現行の陸海空自衛隊が個別に整備計画を作成して、個々に予算要求をしている方式では、決定は困難を極めます。

ライフサイクルコスト(LCC)

防衛省では、平成二一年度から「ライフサイクルコスト管理室」を整備するとしています。

ライフサイクルコストとは、装備品の生涯にわたってかかる費用、つまり構想↓開発↓量産↓運用・維持↓廃棄に至るまでの全コストです。

ライフサイクルコストを算定することで、「装備品Aは量産段階では高いが、運用・維持段階以降の経費を含む累積コストは装備品Bよりも安いので、装備品Aを選ぼう」となり、費用対効果に優れた装備品調達が可能になります。

この構想自体は悪いことではないのですが、開発段階で「ライフサイクルコストはいくらか?」という金額の話ばかりに終始してしまって、縮み思考になりがちとの開発関係者の指摘があります。

開発に金がかかるものはダメという「ライフサイクルコスト」の発想が、関係者のやる気を削いでいないかどうかも合わせて検証すべきかもしれません。

また各国の装備品開発の実際を勉強すべきとの声も聞かれます。海外の展示会を見学する予算は防衛省・自衛隊にはありません。そうした調査・研究は商社や製造メーカーなど民間企業に任せているのが現状です。「予算がない」とはいえ、こうした情報収集は、今後の兵器開発に大いに有用になるはずで、善処が望まれます。

コスト抑制のために

防衛省では、主要装備品の購入費や装備品整備の諸経費など、装備品関連事業全般を対象に効率化施策を実施し、平成一八年度と比較して二一年度までにコスト縮減率を九%とし、五年以内（平成二三年度まで）に一五%とするとしています。

自衛隊の装備品はこれまで予算の制約があり、一種類の装備品を長期間にわたって調達するため「制式化」というシステムをとらざるを得ませんでした。そのため整備や改修に際して、わざわざ古い部品を入手したり、製造していない場合は、あらためて古いものを作ってもらう必要がありました。当然コストは高くつきます。部品が製造中止する際にまとめ買いをするなどの方策が求められます。

短期集中調達

コスト縮減施策として、短期集中調達を推進しています。

たとえばUH-1多用途ヘリは平成一九～二一年度に調達予定でしたが、一九年度に一六機短期集中的に調達し、製造コストを縮減しました。

他にも平成一九～二〇年度に調達予定だったF-2戦闘機八機を一九年にまとめて購入。平成二〇～二二年度に調達予定の89式小銃約二万丁を二〇年にまとめて調達。平成二〇～二一年に調達予定の掃海・輸送ヘリMCH-101を三機、二〇年にまとめて調達するなどしました。

また、陸自の短SAMと空自の基地防空用地対空誘導弾およびその射撃統制装置を共通化して同時開発し経費を縮減しています。

10式戦車に関しては、平成二二年度概算要求で五八両を集中調達しようとしましたが、平成二一年の政権交代により「防衛大綱・中期防」の策定を先送りにしたことで、単年度の策定となり、一三両（防衛省要求は一六両）となっています。

初期投資を「初度費」として計上

陸自のAH-64「アパッチ」戦闘ヘリの事案からもわかるように、ライセンス料など初期投資にかかる費用は莫大で、従来はそれを単価に上乗せしていましたが、防衛省では平成二〇年から最初にその費用を「初度費」として計上するようになりました。平成二〇年度防衛白書によれば、「二〇年度に調達を開始する装備品および一九年度以前から調達を開始している装備品のうち二〇年度に調達を行なうものの初度費については、一括して国庫負担行為に計上している」としています。

海外防衛産業の業界再編

《米国の場合》

米国の防衛産業界におけるM&A（合併・買収）の推進は、政府主導で一九九二年からスタート。九六年までの第一段階では、たとえば各企業のミサイル防衛事業部門が一つの企業に合併されるなど、各企業の同一技術分野が吸収合併されました。第二段階では、各種の技術分野が総合的に単一企業に統合合併されました。

このようにして、九〇年には六〇社以上を数えた防衛関連企業が九七年には、ほぼ五社に統合され、二〇〇一年の時点で四社にまでなっています。

国防総省は、企業からM&Aの申請が出されると業務の重複度や補完関係などさまざまな観点から分析し、強制はしないものの、分析結果を企業側に説明して、間接的な指導を行なっています。

《ヨーロッパの場合》

一九九九年から二〇〇一年にかけて、イギリスをベースとするBAEシステムズ、フランスを中心とした航空宇宙防衛企業のEADS、ヨーロッパの多国籍企業といわれる通信電子関連企業のタレスの三社にほぼ統合されました。まさに欧州連合EUとして機能する防衛産業と言えます。

日本の防衛産業再編

わが国は、多くの企業がそれぞれの持ち場を担当する構造で、A社とB社で重複する製品があれば振り分けをするといった方式が長年とられてきました。結果として特定の企業に特定の技術力が蓄積されることになり、もしその企業が倒れたら、一挙にその装備品の国内生産力・技術力を喪失する状態にあります。

平成八年、中国化薬で爆発事故が発生し、操業停止になると、国内に代替会社がないために韓国からTNTを輸入しなければならなかったのは、そうした「弱点」を露呈する象徴的な出来事でした。

今後、わが国においても、防衛予算の縮減や装備品の多様化という理由から、個々の数量の減少は避けがたく、従来のような構造では共存どころか共倒れになる可能性があります。国情は違いますが、欧米の軍需産業で行なわれた合併・統合方法も指針の一つとなりそうです。

日本の主たる防衛産業は、大企業の一つの部門であるため、かねてより欧米的な合併や統合は困難だと言われていましたが、社内カンパニー制や分社化を進めている企業も出ていることから、欧米のようなダイナミックなものとは性格を異にした日本独自の合併や統合の余地があるとも考えられます。

そのためには、「どこがイニシアティブをとるのか」が問題となります。経済産業省と防衛省で方針と計画を策定し、企業を導くことが順当と考えられますが、具体的な動きは確認されていません。

次に「輸入」に関して考えてみます。わが国は、兵器の国産化を目指すとはいえ、前述したようにすべてを国産化することは困難で、「選択と集中」を踏まえ、輸入と国産によって国力を養う必要があります。

そしてこれは他の多くの国々でも同様の体制をとっています。しかし問題はその輸入を自国が損をしないように進められるかどうかです。

相手国に足元を見られないようにするためには、自国に優れた技術力や生産基盤といった国力をつけなければならないのです。

自国に力がないので他国に依存するということが輸入の動機であれば、価格は高騰し、「輸入は高くつく」ということになるのです。


輸入は安い？高い？


武器輸出国は国策として兵器を輸出しています。諸外国では駐在武官から大統領に至るまで、みな兵器のセールスマンで、自国兵器の量産をどうやって賄うか考え、奔走しているのです。

また、国内向けと国外向けの価格には格差があります。相手国から何か取得したいものがあれば、バーター契約で安値で輸出することもありますし、相手国がその兵器を開発する技術を持たず、その兵器を欲していれば、価格は国内向けよりもはるかに高額になるのは武器取り引きでは常識です。

そして最先端の兵器は輸出せず、自国のものよりグレードを落としたものを出すのが通常です。

さらに輸入後の維持・整備費などを含むトータル・ライフサイクルコストを計算すれば、費用はさらにふくらみます。

オフセット取引

輸入を少しでも自国優位に進めるための手段として、「オフセット取引」があります。

オフセット取引とは、防衛関係の物品に関する取引の際に、購買国側への見返りとして、供給国側が何らかの代償を与える取引のことです。

海外では、自国の防衛生産・技術基盤の維持・育成のためにオフセット取引を活用している国が多数存在します。

たとえば、他国の装備品を購入する場合、装備品のパーツに自国の製品を組み込むようにして契約し、自国の防衛産業の雇用を創出させ、防衛生産・技術基盤の活性化に寄与することができます。

各国のオフセット取引体制

《イギリス》
「産業参加政策」として、一〇〇〇万ポンド以上の防衛装備品を輸入する際、国内防衛関連産業に新たな防衛関係の生産活動などの創出や技術移転の機会を提供すること。さらに入札の中途に英国防省と外国企業との間でオフセット取引に関する協議が行なわれています。

《イタリア》
「オフセット取引規制」として、防衛装備品の輸入を行なう際にオフセット取引を行なうとされています（オフセット措置の対象は防衛分野のみで安全保障上、真に必要と認められる物品・情報技術などの取引に限定）。

《ギリシャ》
「オフセット振興政策」として、国防大臣の定める額（一〇〇〇万ユーロ）以上の防衛装備品の調達（輸入）に際しては、オフセット取引の見積もりを提示します（法律に規定。オフセット措置の対象は防衛関連企業のみ）。

《韓国》

「防衛オフセットプログラム」として、防衛分野で一〇万ドルを超える海外からの購入が行なわれる際、契約額の五〇%以上に相当するオフセットが行なわれることが法律により規定されています(従来はオフセット措置の対象は防衛分野のみであったが、二〇〇九年八月から防衛分野以外もオフセットの対象となった)。

F-15K戦闘機導入のオフセットでは、部品(主翼・胴体前方部)の生産を担当しています。

《サウジアラビア》

「経済オフセットプログラム」として、防衛装備品調達を行なう場合、四億サウジリヤル以上の契約に関し、オフセット投資に関する交渉が行なわれます(オフセット措置の対象は防衛分野に限定されない)。

国際共同開発

平成一一年度よりBMD(弾道ミサイル防衛)の海上配備型上層システム(海上配

備型ミッドコース防衛システム）の日米共同技術研究を実施しています。

共同開発研究の対象となっているミサイルの主要な四つの構成品、ノーズコーン、第二弾ロケットモーター、キネティク弾頭、赤外線シーカーはいずれもわが国が得意とする技術分野です。この研究成果が開発から生産へつながることが期待されます。

今後は、米国とのBMD分野以外にも、国際間の共同開発に参加しなければ、日本の防衛産業は孤立化を免れません。

商社の存在

商社は防衛産業と対極にあるものではなく、装備品輸入の際、メーカーが作った大量の資料を翻訳したり、競合他社や商品のリサーチ、海外で行なわれる展示会などに足を運び、海外軍需産業の新製品をチェックするなど、日頃の経費は相当かかっています。

また、FMS（有償援助）では頻発する遅延なども、商社を介した場合は、間に入って交渉したり問題解決に努めるなどのメリットもあります。

まとめ

わが国の防衛技術はもはやどこにも欲しがられていない——そんなことが言われるようになりました。防衛生産基盤の維持のために輸出をして量産に結びつけてはどうかというプランは、すでにその能力からして実現が難しくなっているのです。「なんとかしたいと」誰もが思っていても、できない。防衛省にはその権限がありませんし、ましてや運用側の制服自衛官には為す術がないのが現状です。

この現状を打破するためには、政治家のリーダーシップにより大ナタを振るうことが必要かもしれません。防衛産業の基盤維持のため、陸海空自衛隊それぞれを熟知した総合的知見を持つ専門研究組織の構築と決定機関の設置など具体的な施策を急ぎ、将来に禍根を残さないよう対処することが、国難に直面する「今」という時代の責任と言えるのではないでしょうか。

増補1　国産装備と輸入装備

「防衛生産・技術基盤研究会」の最終報告書

平成二四年六月、「防衛生産・技術基盤研究会」の最終報告書が完成した。私も委員の末席を汚し、防衛省において一年半の議論を重ねてきたものだ。

これは、いわゆる防衛産業政策を策定するためのワンステップであるが、現状認識と課題を明らかにした点で意味は大きいはずだ。

このような研究会が設けられた経緯は、「厳しい財政事情により防衛関係費の伸びが期待できないこと」「装備品の高精度化で、維持整備費用が購入にかかる経費を上回っていること」などから装備品を担う企業が圧迫され、平成一五年以降に防衛産業から事業撤退・倒産した企業が一〇〇社以上にのぼっている背景がある。

このままでは自衛隊が活動できなくなってしまう。そして、国の防衛もままならなくなってしまうのではないかといった危機感が、防衛省・自衛隊の一部で沸きあがったのだ。

しかし、これはあくまで少数派であったと私は感じていた。というのは、幾度か繰り返された会話からぴんときたのだ。

「こんど出した本はどんな内容なんすか？」

「防衛産業の本です！」

「へえ……」

多くの自衛官の反応は渋かった（ような気がする）。やはり、皆、自衛隊の活動そのものについて取り上げた方が喜んでくれるのだ。同研究会が発足した当時も、「ナンですかその会は？」などと訝しがられたものだった。

一方で、防衛産業サイドもこれまでの経験から、こうした反応はもはや織り込み済みだったようで、大きな期待を寄せるわけでもなく、「どうせ、そんな研究会を開いても理解は得られないだろう」といった、いささか冷めた視線も感じたものだった。

こうして、ややすれ違いぎみに始まったこの検討であったが、会を重ねるごとに周囲の目も変わってきたようだった。

その要因は、これまでは「買うだけ」というスタンスであった防衛省が、他省庁との連携の上でこの難局にいかに対峙するかを考えるようになった、いわば「本気度」が高まっていたことが大きいだろう。

これまで防衛省の立場は「物を買うだけ」というものであり、工廠を持たないわが国としてもこれらに不干渉であった。物を調達し続けていればそれでもいいが、「お金がないから買えなくなった」というのはいくらなんでも無責任と言わざるを得ない。

昨今、防衛省と企業とは世間からの「癒着」「天下り」……などという誹りを避けんがためにコミュニケーションをとることを避ける傾向があり、そのために互いに、思いを致す余裕もなくなっていた。

調達に関わる部署の部屋では、企業関係者に対し「入室禁止」などといった張り紙が扉に貼ってある。「製造現場を見てみれば?」と勧めても、「情が移っては良くないのでやめておく」と言う現役自衛官がいる。「企業と付き合うとろくなことがない」と言って憚らないOB（再就職先は企業ではない）が後輩を指導している。こういう一般世間では考えられない「常識」がまかり通っているのだ。

その背景には調達をめぐる不祥事が発生したことで、厳格に対処している一面もあるのだろうが、これをして「私たちは真面目なんです」と胸を張る人までいるので、そんな時は返す言葉もない。これは、もはや真面目を通り越して、失礼な態度である。

何も接待尽くしなどを奨励しているわけでも何でもないが、これでは意思疎通もできず、問題点が見えるはずもないし、普段、維持・整備に欠かすことのできない人たちを何だと思っているのかと言いたいのである。

とにかく、このように世間の目を気にしていた官側が、今般、企業側の実情に目を向けるようになったことは大きいと言えるだろう。

もちろん、防衛省・自衛隊にはいわゆる「援護」の問題、つまり再就職先となる企業がいなくなっては困るという事情もないとは言えないかもしれないが……。

しかし、日本で装備品が作れない、修理もできない状態になったならば、一番困るのは自衛隊であり、そして、それは我々国民にとっても不幸な出来事に他ならない。

まずはこの国民の当事者意識を喚起することが最重要課題だろう。今回の報告書が、その一つの大きな契機になってくれることを強く望んでいる。

報告書の詳細は防衛省のホームページで誰でも見ることができるので、そちらからご覧いただくとして、ここではその報告書から『誰も語らなかった防衛産業』の初版には掲載していなかった、自衛隊の装備調達の全体像をご紹介したい。

自衛隊の主な国産装備と輸入装備

（防衛生産・技術基盤研究会最終報告書より）

▼火器

［小火器］

9ミリけん銃（ライセンス国（以下「ラ国」）＝スイス）

89式5・56ミリ小銃（国産）

5・56ミリ機関銃MINIMI（ラ国＝ベルギー）

12・7ミリ重機関銃M2（ラ国＝ベルギー）

［火砲］

120ミリ迫撃砲RT（ラ国＝フランス）

84ミリ無反動砲（ラ国＝スウェーデン）

155ミリりゅう弾砲FH70（ラ国＝ドイツ）

多連装ロケットシステム自走発射機M270（ラ国＝米国）

▼車両

［戦車］

10式戦車（車体、搭載砲ともに国産）

［装甲車］

96式装輪装甲車（国産）

89式装甲戦闘車（国産）（搭載砲　ラ国＝スイス）

82式指揮通信車（国産）

87式偵察警戒車（国産）（搭載砲　ラ国＝スイス）

［自走砲］

87式自走高射機関砲（国産）（搭載砲　ラ国＝スイス）

99式自走155ミリりゅう弾砲（車体、搭載砲ともに国産）

［その他の車両］
90式戦車回収車（国産）
99式弾薬給弾車（国産）
軽装甲機動車（国産）
高機動車（国産）
10式雪上車（国産）
3 1／2トントラック（国産）
3 1／2トン燃料タンク車（国産）

▼施設器材

［築城建設器材］
グレーダ（国産）
トラック・クレーン（国産）
資材運搬車（国産）
［渡河・架橋器材］
07式機動支援橋（国産）
02式浮橋（国産）
［障害敷設・処理器材］
94式水際地雷敷設装置（国産）
92式地雷原処理車（国産）
対人障害システム（国産）

▼護衛艦

［護衛艦船体］
護衛艦本体（国産）
ガスタービン機関（ラ国＝英国・米国）
主機械減速装置（国産）
ヘリコプタ牽引装置（ラ国＝英国）
航空機用昇降装置（ラ国＝米国）
補助ボイラ（国産）
造水装置（国産）
フィンスタビライザ（国産）
電気推進装置（国産）
［護衛艦搭載武器］
62口径5インチ砲（ラ国＝米国）
消磁自動管制装置（国産）
情報処理装置（国産）
垂直発射装置（ラ国＝米国）
短SAMシステム3型（国産）
水上艦ソーナー（国産・米国FMS）

電波探知妨害装置（国産）
水上魚雷発射管（国産）
魚雷防御装置（国産）
放射線検知装置（ラ国＝ドイツ）
化学剤検知器（ラ国＝英国）
ジャイロコンパス（国産　米国FMS）
水上レーダー（国産）
対空レーダー（国産）
情報処理サブシステム（国産）

▼潜水艦

潜水艦本体（国産）
主蓄電池（国産）
主電動機装置（国産）
発電機（国産）
スターリング発電機（ラ国＝スウェーデン）
高圧気蓄器（国産）
DSRV（潜水艦救難艦）製造（国産）

▼潜水艦搭載武器

潜水艦ソーナーシステム（国産）
潜水艦用欺まん体（国産）
ハープーンミサイル射撃指揮装置（輸入　米国）
水中魚雷発射管（国産）
潜水艦発射制御装置（国産）
慣性航法装置（国産）
非貫通式潜望鏡（ラ国＝英国）
13メートル潜望鏡（国産）
消磁自動管制装置（国産）
水中通話機（国産）
潜水艦用情報処理サブシステム（国産）
潜水艦戦術状況表示装置（国産）
信号発射筒（国産）
音響測深儀（国産）
放射線検知装置（ラ国＝ドイツ）
ジャイロコンパス（国産）

▼掃海艇
掃海艇船体（国産　※FRP船殻はスウェーデンの企業との技術提携による国産）
非磁性内燃機関（国産）

▼掃海艇搭載武器
20ミリ機関砲（国産）
掃海艇ソーナー（国産）
機雷処分具（ラ国＝フランス）
掃海具（国産）
自走式機雷処分用弾薬（国産）

▼固定翼機
［戦闘機］
F-4EJ／EJ改（機体、エンジンともラ国＝米国）
F-15J／DJ（機体、エンジンともラ国＝米国）
F-2A／B（機体　国産）（エンジン　ラ国＝米国）
F35A（機体、エンジン　米国ほか）※平成24年度より調達
［輸送機］
C-1（機体　国産）（エンジン　ラ国＝米国）
C-130H（空自）（機体、エンジンともに米国FMS）
C-130R（海自）（米軍の再生機）※平成23年度補正予算に計上
C-2（機体　国産）（エンジン　輸入　米国）
［哨戒機］
P-1（機体、エンジンともに国産）
P-3C（機体、エンジンともにラ国＝米国）
［救難機］
US-2（機体　国産）（エンジン　輸入　米国）
［特別電子装備機］
E-2C（機体、エンジンとも米国FMS）
E-767（機体、エンジンとも輸入　米国）
［空中給油・輸送機］
KC-767（機体、エンジンとも輸入　米国）

[練習機]
T-4（空自）（機体、エンジンともに国産）
T-5（海自）（機体　国産）（エンジン　輸入　米国）

▼回転翼機

[戦闘ヘリ]
AH-64D（機体、エンジンともにラ国＝米国）
[輸送ヘリ]
CH-47J／JA（機体、エンジンともにラ国＝米国）
EC-225LP（機体、エンジンともに輸入　フランス）
[観測ヘリ]
OH-6D（機体、エンジンともにラ国）
OH-1（機体、エンジンともに国産）
[哨戒ヘリ]
SH-60J／K（機体、エンジンともにラ国）
[掃海ヘリ]
MCH-101（機体　ラ国＝英国・イタリア）（エンジン　ラ国＝英国・フランス）（CH-101は同種の多用途ヘリで「しらせ」に搭載）
[救難ヘリ]
UH-60J（機体、エンジンともにラ国＝米国）
[多用途ヘリ]
UH-1H／J（機体、エンジンともにラ国）
UH-60JA（機体、エンジンともにラ国）
UH-X（機体　国産）（エンジン　未定）OH-1を改造母機に開発をスタート
[練習ヘリ]
TH-135（海自）（機体、エンジンともに輸入　フランス）
TH-480B（陸自）（機体、エンジンともに輸入　米国）

▼弾火薬

[小火器用弾薬]
5・56ミリ火器用弾薬（国産・ラ国＝ベルギー）
9ミリ火器用弾薬（国産）

12・7ミリ火器用弾薬(国産)
小銃用てき弾(国産)
[火砲等用弾薬]
120ミリ迫撃砲用弾薬(ラ国=フランス)
84ミリ無反動砲用弾薬(ラ国=スウェーデン)
155ミリりゅう弾砲用弾薬(国産・ラ国=英国)
120ミリ戦車砲用弾薬(国産・ラ国=ドイツ)
多連装ロケットシステム用弾薬(米国FMS・ラ国=米国)
76ミリ速射砲用弾薬(国産)
127ミリ速射砲用弾薬(国産・米国FMS)
20ミリ弾(国産)
[地雷・機雷・弾薬・魚雷等]
92式対戦車地雷(国産)
94式水際地雷(国産)
91式機雷(国産)
500ポンド爆弾(米国FMS)
89式魚雷(国産)
97式魚雷(国産)
チャフロケット(ラ国=英国)

▼誘導武器

[対弾道ミサイル]
スタンダードミサイル(SM3ブロック1A)(米国FMS)
地対空誘導弾ペトリオット(PAC-3)(ラ国=米国)

▼対艦ミサイル

[空対艦]
93式空対艦誘導弾(ASM-2)(国産)
[地対艦]
88式地対艦誘導弾(SSM-1)(国産)
[艦対艦]
90式艦対艦誘導弾(SSM-1B)(国産)
対空ミサイル
[空対空]
99式空対空誘導弾(AAM-4)(国産)

［地対空］
03式中距離地対空誘導弾（中SAM）（国産）
［艦対空］
シースパロー（ラ国＝米国）
［対戦車等］
中距離多目的誘導弾（国産）

▼通信電子・情報通信器材

［作戦系システム］
自動警戒管制システム（JADGE）（国産）
師団等指揮システム（国産）
［業務系システム］
防衛省中央OAネットワーク・システム（国産）
［通信インフラ系システム］
防衛情報通信基盤（DII）（国産）

▼センサー器材

［レーダー器材］
対砲レーダー装置（JTPS‐P16）（国産）
固定式3次元レーダーJ／FPS‐5（国産）

▼需品

［陸上自衛隊］
88式鉄帽（国産）
防弾チョッキ2型（改）（国産）
戦闘装着セット（国産）
浄水セット、逆浸透2型（国産）
野外炊具1号（22改）（国産）
野外入浴セット2型（国産）
［海上自衛隊］
救命胴衣、艦船用、2型（国産）
潜水艦用移動式簡易防舷物（国産）
救命浮環、水上艦用
［航空自衛隊］
航空ヘルメット（FHG‐2）（国産）
耐寒服（改‐5）（国産）
救命胴衣（LPU‐P1／H1）（国産）
［被服］
陸海空自衛隊の被服（ほとんどが国産）

▼化学器材
［防護器材］
個人用防護装備（国産）
化学防護衣（国産）
［除染器材］
除染車（国産）
除染装置（国産）
［検知測定器材］
中隊用線量計3形（国産）
化学剤検知器（輸入　フランス）
携帯生物剤検知器（輸入　米国）
［偵察器材］
NBC偵察車（車体・放射線測定器材　国産）
（有毒化学剤及び生物剤検知器・識別装置
輸入　ドイツ・フランス・米国）

▼衛生器材
［陸上自衛隊］
野外手術システム（国産）
航空後送器材（MEDEVAC）（国産）
［海上自衛隊］
高気圧酸素治療装置（国産）
［航空自衛隊］
機動衛生ユニット（国産）
航空医学実験隊用装置（国産、輸入　米国）

増補2　君塚陸幕長インタビュー

震災の課題を検証・改善することが必要

『誰も語らなかった防衛産業』の出版から二年足らずではありますが、その後まず「防衛大綱」や「中期防」が決定され、東日本大震災や米国の新国防戦略など、防衛省・自衛隊に関わる環境は目まぐるしい動きをみせています。

そこで、『誰も語らなかった防衛産業』では主に陸上装備品の現場をご紹介したことから、増補版の出版にあたり君塚栄治陸上幕僚長に、これからの陸上自衛隊についてお話を伺いました。

――桜林（以下、略す）平成二二年に閣議決定された「防衛計画の大綱」と「中期防衛力整備計画」では、「動的防衛力」という新たなキーワードが打ち出されました。これについてはどのようなお考えをお持ちですか？

君塚陸幕長（以下、陸幕長）どう具現化していくかという立場にあるが、周辺情勢を見れば、陸自として国民保護など考えた時に、抑止を重視して、事態が小さいうちに動いて抑止することはリアリティーがあると思う。グレーゾーンのうちから手を打って、事態がエスカレートしないようにするのが最良と考える。

そのためには、全国に展開する陸自をいかに間に合うようにするかが課題。万一の場合に住民を守らなければならない陸自が、迅速に間に合うようにするのが「動的」の意味するところだと思う。

――そうですね。ただちょっと気になっているのは、世の中の人が警戒・監視活動だけが抑止力と早合点してしまうのではないかということです。当然それは抑止力の重要な役割ですが、本丸に攻め入ってもそこがガタガタになっているとわかったら、いくらパトロールを強化しても抑止にはならないですよね。

陸幕長　財政事情が厳しいため、警戒監視だけを重視という論理はあるかもしれない。ただ、震災後やさまざまな脅威のことを知って世間も気づいたのではないか。そこに移動して行って役に立つ能力がないといけないが、そのためには兵站も大事な要素。そこを責任持って平素から用意しないといけない。震災の課題を検証・改善することが必要になるだろう。

隊員が装備品に誇りを持てることが大切

――装備品の話をしたいと思いますが、この問題を議論するにあたって気づくのは、制服自衛官の方にも装備品がどのように作られ供給されるのか全く知らないし、関心もない方が少なくないようです。こうした中、「防衛生産・技術基盤」維持についてはどのように見ていらっしゃいますか？

陸幕長　陸自は国産の必要性が高い装備品が多く、そういう意味で陸海空自衛隊の中で最も防衛産業と密接な関係にある。
ただ、陸戦の特徴から、陸自には国産の装備品が多いのはやむを得ない。地形や気象の影響を受けるので日本のそれに適合するものでなければならないし、やはり装備を扱う人間が大事なので、隊員が、装備品に対して誇りを持てることが大切。それは装備品に対する信頼感があってはじめて成り立つ。

米軍でかつてベレー帽を調達した時に、中国製だということが判明してすべて廃棄したことがあったが、価格や質の良し悪しだけでなく兵士のモチベーションが問われるものだ。

――陸自の場合は海・空とは違うと割り切っていいと思います。それぞれに事情が異なり一緒に議論するのは難しいことですよね。陸自は日本の主権・独立を守る最後の砦なので、士気にも関わることもこだわって欲しいと思います。

しかし、そうはいっても厳しい財政事情ではこうした思いだけでは如何ともしがたく、経済性などで説明する必要もありますが、そうした面を見ても輸入が決して安いわけではないと思うのですが……。

陸幕長　売る時はいいことを言うものだ。他国から装備品を輸入した場合の過去の事例を調べて、日本以外の国での失敗例なども参考にして考えていかなくてはならないだろう。

「防衛産業のなかに国防にひと肌脱いでくれる人が残っているのは有り難いと思っています」（君塚陸幕長）

――少なくともライセンス国産をする必要があると思います。中国・韓国は他国の技術を入れて死に物狂いでそれを国産に変えようとしているのに日本は逆行しようとしていて、これらの国には奇異に映るのではないでしょうか。戦後、公職追放の憂き目にあいながらも国産を追求してきた先人たちの思いが今の遺産となっていることを考えると、この議論は時間軸を五十年、百年という括りにしなければならないと思っています。防衛大綱の範囲内ではなかなか割り切れないこともあります。

陸幕長　研究開発がそれにあてはまる。輸入装備品を買うにしても、それに匹敵する技術が国内にあって買うのと、技術がなく輸入するしか選択肢がない状況で買うのとは違う。時間がかかるけど作れるよというのがバーゲニングパワー。(笑)

――今はかろうじてまだあるのでいいですが、これから止めてしまうと何も「売り」がなくなってしまい、その時に気づくのではないでしょうか。でも、その時には取り戻せないんですよね。国際共同開発と言っても、技術を持っているからこそであって、こちらに何もなければお呼びじゃないのだと思います。

陸幕長　技術交流だ防衛交流だと言っても、単なる交流だけに終始しては虚像に過ぎない。それぞれの国の技術の革新や防衛上の安全・安心に繋がらなければ虚が実像にならない。

防衛産業の皆さんには頭が下がります

――ライセンス国産で日本のほうが元の製造国よりも優れるようになった物もたくさんあります。こうした物を、同じ装備を運用していて部品枯渇など可動率が低くなっている国に提供できればいいのにと思います。ニーズは多いようです。これによって強固な関係構築をすることができるかもしれません。日本の物作りのスキルを活かした外交ができるのではないでしょうか？

陸幕長　このところ武器輸出が話題となることが多いが、要望している国を助ければ恩人になれるという点で意味は大きいだろう。

しかし、まだ「人を殺傷するものを輸出するのか」と言われることがある。武器は人を守るものでもあり、その点をしっかり議論しないといけないと思う。

――物（技術）を持っているというのは売りになります。昭和四五年の事務次官通達による国産化方針は古いものですが、過去の人たちの知恵であり、意義は大きいと思うのですが、いかがでしょう？

陸幕長　しっかりと議論することが必要である。

国産化方針が出された時代からの変化を踏まえると、すべての装備品を国産にするのは無理があるし、すでにそうこう言っているうちにどんどん産業基盤が崩れていると、「防衛生産・技術基盤研究会」最終報告書でも結論されている。

――国際共同開発は国産化に取って代わるものではなく、国産技術があってこそですので、基本方針は国産を追求し、その上で役割分担するという考え方をするべきで、これらが対極にあると誤解されないようにしなければと思っています。

陸幕長　各国が得意分野に特化すればいい。しかし、戦車もそうかといえば違うかもしれない。物によっては相応しいものとそうでない物があるのではないか。被服や小銃などの基本装備がそれにあたる。小銃などは、陸軍にとっては象徴的な装備品であり、どの国でも自分で作りたい。作れない国がどうしようもなくて輸入する。こんなに銃規制が厳しい国で、国産装備品として維持されているのは企業努力に他ならない。

――戦車を国際共同開発しようする国は考えにくい気がします。自国のステイタスシンボルとも言えるでしょうから。戦闘機などは高精度化・高価格化している中で、同じ目的に向かって互いに技術を高めていきましょうということがあるでしょうが、陸上装備にはそぐわない物が多いのかもしれません。ただ、それを言うと陸だけがガンコだと思われてしまうのが心配です。「陸だけは事情が違うんだ」と言って踏ん張ってもらわないと……。

陸幕長　とはいえ、納税者である国民に対しての説明責任があるので、説明する手立てを考えて臨まなければならない。最初から全部国産という時代ではないでしょう。

――日米の相互運用性が重要視される海空はその点でやや事情が違うようです。ただ、イージス艦のような輸入装備にしても、国内企業が関わることで国内運用ができているわけで、そのあたりがなかなか気づかれないのです。

陸幕長　防衛産業に携わり、国防にひと肌脱いでくれる人が残っているのは有り難い。企業内の防需比率が低く、社内でパイが小さいにもかかわらずその中で、防衛生産・技術基盤を維持していただいている企業の皆さんには頭が下がる。震災の時も契約外なのにメンテナンスしていただいたこともあった。

――不採算部門となり肩身の狭い思いをしているが部門を死守してくれています。この方たちは何かあったときは骨身を惜しまずやってくれる強力なサポーターとなります。そういう意味では「選択と集中」というのは極めて難問だと思います。

陸幕長　選択と集中にはリスクが発生するので、そのリスクを負う覚悟が必要となる。この点をしっかりと認識した上で「選択と集中」の検討を行なっていくことが重要である。このため、我々は、これをやめると、こういうリスクがありますと事例で示す努力が必要だと思う。これをやめることでどれだけのリスクをとらなければならないという説明責任がある。数を減らせば防衛力そのものが落ちるということ、どういう影響があるのかということを。

「リアリティーある陸上自衛隊の実現」

——ここ数年、隊員数が減らされていますが、それでも東日本大震災災害派遣で活躍できたので、さらに削減しても大丈夫だろうと思われてしまったかもしれませんね。

陸幕長　震災のあった平成二三年と二四年は違いますよと申し上げている。定員は

「任務は増えて忙しいが、隊員には"リアリティーある陸上自衛隊の実現"という言葉を示して訓練させています」(君塚陸幕長)

減っていてさらに実員も減らされています。

ＰＫＯも一カ所だったが、今は二カ所。その二カ所に施設部隊が派遣されていて、万が一国内で災害が起きたときは、瓦礫の片づけがこの前のようにできなくなっている。

結局マンパワーがないと立ち行かない。車で被災現場に行っても、そこで人が降りて作業するのが実態だ。ご遺体を運ぶ隊員たちは、自分たちの手で丁寧に扱い拝んだ。これが自衛隊のマンパワーである。

しかし、人員が減らされ物理的にできなくなってしまっている。我々が選択したわけじゃないが、リスクをわかるように詳しく説明していなかったという責任はあるのかもしれない。

――世の中の評価も「よかったね」「ありがとう」に終始しているようです。問題点が伝わっておらず、このまま、大きな災害に見舞われた場合、前回はやってくれたのにやってくれないじゃないと言われかねませんね。

陸幕長　ここまでしかできないというリスクを、今、言っておく必要を感じる。そうでないと、結果的に国民を欺くことになってしまう。

――これからの陸上自衛隊についてどのようにお考えですか?

陸幕長　任務は増え、忙しいが、期待されて任務が付与され続けているうちは、指揮官として向かうべき方向を示し、進んでいかなければならない。そこでこのたび、「リアリティーある陸上自衛隊の実現」という言葉を示した。

ある意味、当たり前のことを言葉にした。使うために準備する。これまでは、いつ生起するかわからないことに対して訓練をして備えていたが、今はいつでも起こり得ると考え、ただちに使うつもりで備える、あるいは使いながら備えるという方針だ。

――非核・専守防衛といった特殊な条件下にある日本は、薄くとも広く、バランス良く防衛力を持つ必要があると思います。そのためには、国民の真の意味での理解が欠かせませんね。ありがとうございました！

（平成二四年七月一九日収録）

※君塚陸幕長は平成二七年に逝去されました。謹んでご冥福をお祈りいたします。

おわりに

ここに一つのアンケート結果がある。平成二一年一月、内閣府大臣官房政府広報室が行なった「自衛隊・防衛問題に関する世論調査」だ。

自衛隊の役割について、その「存在する目的」を「災害派遣」と答えた人が七八・四％でトップ。「今後、力を入れていく面」としても、同様に七三・八％の人が「災害派遣」としており、次に「国の安全確保」そして「国際平和協力活動への取り組み」が続いている。

これは、今日まで陸海空自衛隊が災害時の出動や緊急患者輸送などで、国民の目に見え、直接触れる形で、その成果を上げてきた結果であろう。

地域活動への支援は国民との関係構築に欠かせず、そうした細かい積み重ねが、現在の自衛隊の存在を作り上げてきたことも確かである。

しかし、同時にこのアンケート結果は、自衛隊の存在について考えさせられる面もある。

自衛隊は本来、災害派遣のために存在する組織ではない。国防を担う組織である。私自身このアンケートに答えた七割以上の人が自衛隊の存在に対して「誤解」をしていることに不安感を覚えざるを得ないが、ある意味、自衛隊が国民の理解を得るべく歩んできた努力の結晶でもあり、忸怩（じくじ）たるものがある。

問題は、こうしたちょっとした意識の「すれ違い」が、将来に及ぼす影響である。

事業仕分けでは、自衛官の制服をインナーだけでも輸入すれば、コスト削減になるという話が出たが、これは「すれ違い」の一つの象徴的な出来事だと私は感じた。

自衛官の制服は納棺服である。万が一のことがあれば、彼らの血が滲む服なのだ。その服務の宣誓で「強い責任感をもつて専心職務の遂行にあたり、事に臨んでは危険を顧みず、身をもつて責務の完遂に務め、もつて国民の負託にこたえることを誓います」と誓っている自衛官にとっては、この「制服を輸入」という論議は、たとえインナーであれ、誇りを傷つけられたのではないか、と私は思うのだ。

かりに輸入となれば、ただでさえ厳しい国内繊維産業に追い討ちをかけるだけでなく、不良品の検査などにかかるコストを考えると、かえって割高になりかねないことは、これまで述べた通りである。生産国が突然「もう作りません」ということになったらアウトなのだ。

こうした事実関係もさることながら、そもそも「自衛隊とは何か」という認識不足が、一般国民のみならず、政治のレベルにまで及んでいるとなれば、日本の「シビリアン・コントロール」にも疑問符を打たねばならない。

「国のため」「国民のため」に命懸けで尽くせと言いながら、予算はどんどん削り、日々厳しい節約を強い、装備品は行き渡らないので満足な訓練ができない。その状況でさらに削れるところはないかと、国産装備品といういわば「戦友」を排除しようという行政では、隊員の心中は如何ばかりだろうか。

「気持ち」を慮る余裕などない、と言われるかもしれないが、されど「気持ち」なのである。縷々述べてきたように、防衛産業に従事する人も訓練に励む自衛官も、「気持ち」があってこそなのだ。この無形の原動力なくして、国家の独立・存続は図れないのである。

今後も日本の少子高齢化は進み、「子ども手当て」などの社会保障費への期待はますます高まるであろう。有権者の大半が高齢者となれば、政策は内向きにならざるを得ないのが常である。

しかし、世界の事情を見ると、ここ五年間の各国の国防予算の推移は、厳しい財政事情にもかかわらず、平均で年六%と顕著な伸び率を示している。一方で、わが国の防衛予算は周辺各国に対して相対的に低下の一途である。日本の防衛予算は金額ベースでは世界屈指と言われるが、その内訳は、人件・糧食費が約四五%、基地対策費が約一〇%を占めている。装備品調達費は約一八%に過ぎず、GDP比は約一%で、世界第一五〇位である。

厳しい国家財政も理解しなければならないが、もはや看過できないところまできたのではないだろうか。

防衛生産基盤維持は安全保障問題の枝葉末節で、もっと本質的論議をしなければならないと言う人もいるが、これは決して瑣末な問題ではないと、私は思う。防衛生産基盤の維持と存続は、スピンオフなどにより国家の技術基盤を支えることや雇用の創出といった面もあるが、何より「専守防衛」を国是とするわが国にとって大きな「抑止力」となるのだ。

装備品はずっと作り続けることで、新しいものが作れるのである。作ることをやめれば、新しいものは生まれないのだ。それはつまり国防力の低下を世界に示すようなものなのである。

人生の多くの時間を投じて、ひたすら研究・開発に励む人々の存在はいわば国の「盾」。もしも、その技術者たちが他国にヘッドハンティングされてしまったら、「抑止力」は一瞬のうちになくなってしまうのだ。

「より安く」が前面に押し出されて、大事なことを見失ってはいないだろうか？　調達の改革をするのはいいが、本筋を見失っては意味がない。何度でもこの原点に立ち返って取り組むべきだろう。

この防衛産業基盤維持の問題、なんだかんだ言っても畢竟（ひっきょう）は政治の説明責任に行き着く。「技術立国」日本、「専守防衛」の日本にとって、国産装備品の開発・製造は必要なのであると、国民にしっかりと説明を尽くさなければならない。

一見割安な「輸入品」を購入して国民の税金を海外に流出させても構わないのか、多少コスト高に見えてもスピンオフなどの波及効果や内需拡大につながる国産装備品を守って日本の技術力を残すことを選ぶのか、今、究極の選択を迫られているとハッキリと示さないと、日本は自らの財産を知らず知らずに失ってしまうことになりかねない。時間はないのだ。

そして、防衛産業について広く国民の理解を得るためには、人々の「疑念」を払拭することも急務だ。

先日、「軍事の専門家」と称する人が、「年度末には、防衛省が予算消化のためにムダな買い物をするに違いありません」と語っていたが、こういう尻切れトンボの話がますます防衛省・自衛隊に対して不信感を高めるのだろう。

予算消化の無駄遣いなどがしばしば問題視され、決して誉められたことではないが、では、なぜそうなるのかと言えば、緊急時に備えた予備費の越年ができないことが大きな要因と言えるのではないか。そうした根本問題への言及なしでは、単なるネガティブ・キャンペーンをしているに過ぎない。

また、防衛産業は定年退職した自衛官の「天下り」先であり、そうした人たちが、いわば企業の営業マンのようになって後輩に働きかけるため、新規参入企業が立ち入る隙がないなどの話もある。

大手企業に再就職するのは上級幹部が多いため、現場の隊員にとっては、まったく与り知らないしがらみにより運用上の不便を強いられることもあり、憤懣やるかたないという経験談も聞いたことがあるので、少なからず、そうした面があることは否定できない。

こうした現場にしわ寄せが行く問題点に関しては、是正が求められることは言うまでもないが、一方で、これまで五〇代半ばで定年退職する自衛官のその後について、国が十分な手当てをせずに、企業に押しつけてきた事実も看過できまい。

国として、自衛官に対する責任は極めて中途半端だと言わざるを得ない。五〇代半ばで「ハイ、サヨナラ」で、あとはご勝手に、という姿勢が非常に気にかかる。優秀な人材が知見を活かして防衛関連企業に再就職することは順当だと私は思うが、弊害が起こるのは、防衛省内の調達に関するプロフェッショナル不在が要因なのかもしれない。とにかくそうした抜本的見地からの改革なしに、ただ単に「天下り」が悪いと評するのはいかがなものであろうか。

最後に陸上戦力について述べてみたい。今回、取材に応じてくれた防衛産業の経営者たちは、異口同音に「志」はあっても経営を維持するのが難しいと語っていた。これは私が取材した企業の多くが、戦車や火砲の製造に関わる企業だったことも理由の一つであろう。

防衛予算の縮減と「選択と集中」により、とかく冷戦時の遺産とされる戦車や火砲は「選択されない」側に分類されがちだからだ。

当然、シーレーン防衛やミサイル防衛など、海空による防衛力整備が最重要であることは言を待たない。しかし、もし両戦力が力尽きてしまったら、そこでゲーム・オーバー。「国の独立・存続を諦める」のだろうか。

最後に残された陸上戦力は持久戦を戦うことになる。そこに、戦車や火砲は必要ないのだろうか。

国を守る「国家の意志」の問題として、考えなくてはならないだろう。

最近、残念に思うことがある。それは陸海空自衛隊は予算要求に際し、それぞれの正面の敵が陸海空の同じ自衛隊のように見えることである。しかし、国民にしてみれば、自衛隊は一つであり、戦車も護衛艦も戦闘機も同じ予算でしかないのである。

また、陸海空自衛隊は統合運用ということで、三自衛隊による共同訓練や演習などがどれほど実施されているのかはわからないが、もし、活発に行なわれているなら、それぞれの戦力の位置付けに対して各自衛隊が理解を深められるハズではないだろうか。統合運用と言っても、それぞれの戦力分析や戦力構想は、未だ縦割りなのではないだろうか。

「戦略の誤りは、戦術で取り返すことはできない」

とは軍事の世界でよく言われているが、まさに日本の防衛が抱える諸問題を指しているような言葉である。目先の予算、小手先の議論ばかりでは根本的解決には至らない。しかし、その繰り返しだからこそ、安易な陸上戦力軽視論が飛び出すのではないだろうか。サッカーの試合にたとえれば、どんなに良い選手を集めてもゴールキーパーなしでは戦うことはできないのだ。

それでも私たちは「だって、予算がないのだから」で済ませるのだろうか？

世の中には、失ったら二度と取り返せないものがある。防衛技術・生産基盤、そして陸上戦力然り。「国を最後まで守る意志」をどうするのか、これは、私たち日本人が急いで結論を出さねばならない課題である。

今回、再版するにあたり、私も委員の一人として参加した「防衛生産・技術基盤研究会」の最終報告書の中から「国産装備と輸入装備」についての資料を追録しました。さらに君塚栄治陸上幕僚長から、「陸上自衛隊装備」の維持について、貴重なお話を聞くことができ、併せて収録いたしました。

【参考資料】

＊「防衛生産委員会特報―我が国の防衛産業と装備品生産の現状と課題」２００９年8月1日（社）日本経済団体連合会＊「ペンタゴン報告書―中華人民共和国の軍事力２００９年度版」国際情報センター＊「２０１０年度版―世界軍事情勢」（財）史料調査会編／原書房＊「日本砲兵史―自衛隊砲兵 過去 現在 未来」陸上自衛隊富士学校特科会編／原書房＊「平成21年度版防衛白書―日本の防衛」防衛省＊「防衛破綻―『ガラパゴス化』する自衛隊装備」清谷信一著／中公新書ラクレ＊「ＤＲＣ―年報２００９」（財）ディフェンス・リサーチ・センター＊「防衛産業の生産技術基盤の維持向上に関する調査研究」平成16年3月（財）産業研究所／委託先（社）日本防衛装備工業会＊「変更迫られる『武器輸出三原則』」田村重信／フジサンケイビジネスアイ＊「防衛ハンドブック 平成22年度版」朝雲新聞社＊「『安全保障と防衛力に関する懇談会』報告書」２００９年8月＊「軍事研究」２００７年9月号＊「軍事研究」２００９年11月号＊「正論」２０１０年1月号＊「戦後日本の戦車開発史―特車から90式戦車へ」林磐男著／光人社ＮＦ文庫＊「学校で教えない現代の戦車と戦闘車両」斎木伸生著／並木書房＊「戦車男―タンクバトルと戦車乗り」あかぎひろゆき著／光人社＊「ニューギニア砲兵戦記」大畠正彦著／光人社＊「機甲戦の理論と歴史」葛和和三著／戦略研究学会編集／川村康之監修／芙蓉書房＊「知っておきたい！自衛隊１００科」セキュリタリアンＭＯＯＫ／防衛弘済会＊「ＭＡＭＯＲ」２００９年12月号／扶桑社＊「陸上自衛隊の素顔」小川和久監修／小学館＊「学校で教えない自衛隊―その歴史・装備・戦い方」荒木肇編著／並木書房＊「最新兵器データで比べる中国軍ＶＳ自衛隊」かのよしのり編著／並木書房＊「戦車謎解き大百科」斎木伸生著／光人社＊「ＰＡＮＺＥＲ」２０１０年1月号＊「自衛隊の最新兵器99」井上和彦著／双葉社＊「海に陸にそして宇宙へ」三菱重工業社史＊「日本製鋼所百年史」＊「多摩川精機七十年史」＊「明治ゴム八十年史」

【取材協力】

＊防衛省技術研究本部＊陸上自衛隊＊海上自衛隊＊航空自衛隊＊社団法人防衛装備工業会＊三菱重工業株式会社＊株式会社日本製鋼所＊多摩川精機株式会社＊株式会社洞菱工機＊株式会社エステッ

ク＊株式会社明治ゴム化成＊株式会社常磐製作所＊旭精機工業株式会社＊株式会社小松製作所＊株式会社ＩＨＩエアロスペース＊株式会社石井製作所＊三菱長崎機工株式会社＊財団法人平和・安全保障研究所＊財団法人ディフェンス・リサーチセンター

単行本　平成二十二年八月「誰も語らなかった防衛産業［増補版］」改題　並木書房刊
装　幀　伏見さつき
DTP　佐藤敦子

産経NF文庫

誰も語らなかったニッポンの防衛産業

二〇二一年五月十九日　第一刷発行

著　者　桜林美佐
発行者　皆川豪志
発行・発売　株式会社　潮書房光人新社
〒100-8077　東京都千代田区大手町一-七-二
電話／〇三-六二八一-九八九一(代)
印刷・製本　凸版印刷株式会社

定価はカバーに表示してあります
乱丁・落丁のものはお取りかえ
致します。本文は中性紙を使用

ISBN978-4-7698-7035-7　C0195
http://www.kojinsha.co.jp

産経NF文庫の既刊本

総括せよ！ さらば革命的世代
50年前、キャンパスで何があったか
産経新聞取材班

半世紀前、わが国に「革命」を訴える世代がいた。当時それは特別な人間でも特別な考え方でもなかった。にもかかわらず、彼らは、あの時代を積極的に語ろうとはしない。彼らの存在はわが国にどのような功罪を与えたのか。そもそも、「全共闘世代」とは何者か？

定価880円（税込） ISBN978-4-7698-7005-0

国民の神話
日本人の源流を訪ねて
産経新聞社

乱暴者だったり、色恋に夢中になったりと、実に人間味豊かな神様たちが多く登場し、躍動します。感受性豊かな祖先が築き上げた素晴らしい日本を、もっともっと好きになる一冊です。日本人であることを楽しく、誇らしく思わせてくれるもの、それが神話です！

定価902円（税込） ISBN978-4-7698-7004-3

国会議員に読ませたい 敗戦秘話
政治家よ！ もっと勉強してほしい
産経新聞取材班

敗戦という国家存亡の危機からの復興、そして国際社会で名誉ある地位を築くまでになったわが国――なぜ、日本は今、繁栄しているのか。国会議員が戦後の真の歴史を知らずして、この国を動かしているとしたら、日本国民としてこれほど不幸なことはない。

定価902円（税込） ISBN978-4-7698-7003-6